JN063774

これならわかる！

超初心者の LINE 入門

LINE First Experience Perfect Guide

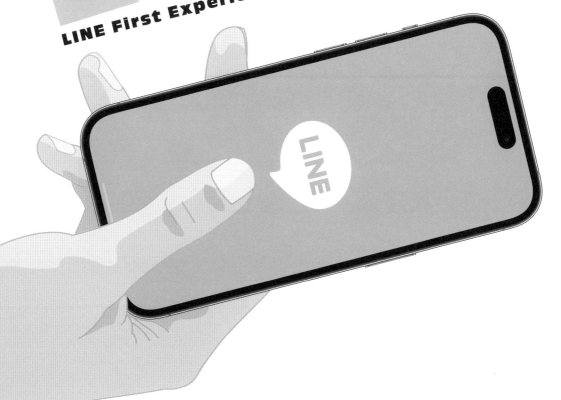

standards

目次

^{PART} **3** **通話**

^{PART} **4** **ウォレット**

LINE First
Experience
Perfect
Guide

とっても便利な **LINE** を使いこなせるようになろう!

スマホを持っているなら、絶対に便利な「LINE」!

「LINE」は日本で最も多く使われているコミュニケーションツールです。ドコモ、ソフトバンク、auの3大キャリアの回線はもちろん、格安SIMでもまったく問題なく利用できます。電話の代わりに利用されることも多く、今や必須のツールとなっています。

メールよりも気軽に使いやすい「トーク」、電話料金も発生せずに無料で通話を楽しめる「無料通話」、一度設定を済ませれば多くのお店でキャッシュレス決済が可能になり、友だち間のお金のやりとりも円滑に行える「LINE Pay」、TikTokのようにショートムービーを楽しめる「LINE VOOM」などさまざまな機能が詰め込まれています。

人によって使う機能、使わない機能のバラつきもあると思いますが、本書ではこれからLINEを使ってみたい人、またLINEを使い始めたばかりの人を対象に、必須の機能や便利な機能、使いやすい設定をわかりやすく解説していきます。本書を読んで、便利なLINEを早く使いこなせるようになりましょう。

本書の重要なページはここ!

本書は、一番前のページから順に読み進めていけば、もっとも深くLINEを理解できるように編集していますが、この本をご購入いただいた方には、LINEを普通に使えるようになるために、最優先の部分、もっとも重要なページを教えて、という方も多いと思います。右で紹介している部分がもっとも重要なページです。これらのページの内容はしっかりと理解しておきましょう!

LINEを使う準備
インストールから初期設定

➡12〜13ページ

LINEを利用するためには、最初にスマートフォンにアプリをインストールして初期設定を行います。LINEの利用には、有料スタンプなどを除いて、基本的にお金はかかりませんので、まずは導入してみましょう。

> 設定は難しくないので
> 気軽に始めてみましょう！

実際に始める前にチェック！
LINEの基本設定

➡14〜19ページ

スマートフォンが苦手という方はまず基本中の基本の操作を確認しましょう。LINEの画面の見方から、Android、iPhoneそれぞれの基本的な操作を理解できます。

> ここは少し、慎重に
> 考えて設定しましょう！

LINEのアドレス帳
友だちを登録

➡22〜27ページ

LINEのアドレス帳ともいえるのが友だちリストです。友だちの登録は、状況に応じて複数の登録方法があります。とても大切な操作なので必ずマスターしましょう。

> メインメニュー、友だちリスト、そのほかのサービスなどが表示されます

ただのチャットだけ
ではなく、にぎやかな機能が
たくさんあります!

チャット形式で気軽に
トーク
➡38〜43ページ　50〜55ページ

友だちと短いメッセージのやり取りを行えるのが、LINEのメイン機能である「トーク」です。チャット形式で気軽にテンポの良い会話を行うことができます。トークには文字だけでなく、画像やファイルを送信したり、楽しい機能も満載です。

グループトーク
➡56〜59ページ

トークは、1対1の会話だけでなく、家族や複数の友だちとグループでトークができます。気の合う友だちとの雑談や離れた家族との会話など、グループトークで話しましょう。

種類も豊富で
楽しく使える
スタンプ
➡44〜49ページ

文字よりも、自分の
今の気分を表しやすいのが
スタンプです

文字だけでは味気なく感じるメッセージのやり取りも、多種多様なスタンプを利用すれば楽しく行えます。無料スタンプから有料スタンプまで、スタンプを使いこなして楽しく会話しましょう。

これで入力が早くなる!
スマホの文字入力の基本

スマホが
苦手でも大丈夫!
文字入力
の基本
➡40〜43ページ

スマートフォンが苦手という方は、まず基本中の基本となる文字入力の操作をマスターしましょう。iPhone、Androidそれぞれの基本的な操作方法を詳しく解説します。

音声通話もビデオ通話も
無料通話
➡ 76〜83ページ

トークと並ぶLINEのコミュニケーション機能です。通常の電話とほとんど変わらない感覚で、無料で友だちと通話ができます。実際に顔を見ながら会話をする「ビデオ通話」も可能です。

長時間の通話をしても
料金はかかりません!

慣れれば、すごく簡単に
支払いができます!

LINEがお財布がわりに
LINE Pay
➡ 95〜104ページ

LINE Payを使えばコンビニや飲食店などでキャッシュレス決済が行えます。また友人間でのお金のやり取りもできてしまいます。設定が少し手間ですが、とても便利な機能です。

そのほか、LINEをより便利に使いこなすために重要なページはここ!

LINEの年齢確認を行う	20
LINEのセキュリティ設定	30
機種変更時の引き継ぎ方法	32
LINEの通知設定を変更する	52
文字を大きくして見やすくする	60
LINEでAIを利用する	72
LINEミーティングの使い方	84
動画をみんなでシェア	86
お得なポイントを貯める	106

本 書 の 使 い 方

本書は、LINEの機能や使い方を説明する「解説ページ」と、さまざま質問と回答で構成された「Q&Aページ」からなっています。解説ページを先頭から順に読んでいただくのが一番おすすめですが、手っ取りばやくLINEを使いたいなら、「重要!」マークのついた解説ページを中心に読み進めてもらうのも有効です。

「重要!」マーク

解説
ページ →

Q&A
ページ →

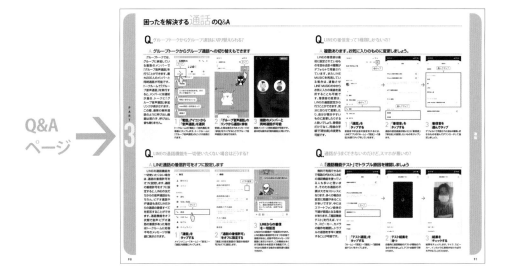

本書に関する注意　※必ずお読みください

◎本誌ではiOS端末としてiPhone X/12/13、Android端末としてXperia 8、Google Pixel 6aを使用しています。パソコンはWindows 10を使用しています。画面の表示やメニュー、操作に関しては端末ごとに異なる場合があり、本誌で解説した手順はそのまますべての端末に当てはまらない場合がございます。詳細に関しましては各端末のマニュアルをご参照していただくよう、あらかじめご了承ください。
◎本誌での記述内容は2024年6月の情報を元にしております。LINEの仕様やアプリの内容・価格に関しまして、事前に告知なしに変更、サービスの提供の中止などが行われる場合がございます。あらかじめご了承ください。　◎本書は、2023年5月に発売しました「2023→2024年 最新版 初めてでもできる超初心者のLINE入門」に加筆・修正したものです。　◎著者およびスタンダーズ株式会社は本書の内容が正確であることに最善の努力を払いましたが、内容がいかなる場合にも完全に正確であることを保証するものではありません。また、本書の内容および本書に含まれる情報、データ、プログラム等の利用によって発生する損害に対しての責任は負いません。あらかじめご了承ください。

インストール、アカウント設定と友だち登録

LINEアプリのダウンロード、インストールと、
まず最初に行ういくつかの設定について解説します。
それぞれ難しくはありませんが、自分のプロフィールの設定や、
「友だちの登録」など、重要な部分も多いので、
落ち着いて慎重に設定していきましょう。

これならわかる!
超初心者の
LINE 入門

LINE First Experience Perfect Guide

まずはスマホに
LINEを導入!

PART **1** で学ぶこと

インス
アカウ
友だち

LINEをスマホに インストール

　LINEのインストールからアカウント取得まで、Android、iPhone、どちらをお持ちでも迷わずLINEをスマートフォンに導入できるように解説します。スマホをある程度使った経験があれば、特に難しい箇所はありませんが、あせらず行いましょう。インストールが終わったらすぐに基本画面の確認も行いましょう。

12〜15
ページ

16〜21
ページ

しっかりやっておきたい
基本の設定項目!

LINEの 初期設定を行う

　インストール時にスキップしたものを含め、LINEを利用するのに必須となる部分、なるべくしっかりと設定したいものをピックアップして詳しく解説しています。名刺代わりとなるプロフィールやプライバシーの設定などは重要なので、ちょっと面倒かもしれませんが、ある程度念入りに設定しておくと実際の利用も安心です。

友だち登録をする

　LINEの電話帳ともいえる友だちの登録方法を解説しています。QRコードや招待、ID検索といったLINEに備わった登録方法をひとつずつ解説するだけでなく、おススメの登録方法も紹介します。また、自動で友だちを登録する機能は便利ですが、その便利さゆえに注意すべき側面もあることも認識しておきましょう。

最初に覚えたい
友だちの登録方法

22〜27
ページ

28〜29
ページ

友だちリストを管理する

　最初のうちはあまり必要性を感じないかもしれませんが、LINEを使い続け、友だちの数が増えてきたときに重要となるのが友だちリストの管理です。連絡をとりたい友だちをすぐに発見するための方法や、名前（表示名）の変更、あまり連絡をとりたくない人をどうするか？など、後々必ず使えるテクニックを紹介します。

友だちが増えたら
効率的に管理しよう！

LINEを端末に インストールする

　LINEを利用するにはまず手持ちのスマホやタブレットにLINEをインストールする必要があります。iPhoneやiPadなどiOS端末はApp Store、Androidスマホ/タブレットはPlayストアにアクセスして、インストールします。LINEのインストールが完了するとLINEが起動できるようになります。

P A R T 1

1 iOS端末は「App Store」、 Android端末は「Playストア」を起動する

iPhone／iPadはホーム画面の「App Store」のアプリアイコンをタップしてApp Storeを起動します。Androidスマホ／タブレットは「Playストア」のアプリアイコンをタップしてPlayストアを起動します。

2 iOS端末は「App Store」、 Android端末は「Playストア」でLINEを検索

iPhone／iPadはApp Storeの「検索」をタップして検索ボックスに「LINE」と入力して検索します。Androidスマホ／タブレットはPlayストアの画面上部の検索ボックスに「LINE」と入力して検索します。

3 iOS端末は「入手」、 Android端末は「インストール」をタップする

iPhone／iPadは「入手」をタップしてインストールします。Androidスマホ／タブレットは「インストール」をタップしてインストールします。Androidでは特に、LINEに似せた類似アプリもあるので注意しましょう。

4 インストール完了後に「開く」を タップしてLINEを起動する

LINEのインストールが完了したら、iPhone／iPadはApp StoreのLINEページの「開く」をタップするとLINEが起動します。Androidスマホ／タブレットはPlayストアのLINEページの「開く」をタップするとLINEが起動します。

スマートフォンで LINEアカウントを取得する

LINEアカウントを電話番号認証で取得する場合は、キャリア契約したスマホの電話番号が必要となります。格安SIMや格安スマホの場合は、SMS対応のものを事前に用意しておきましょう。認証番号を受け取る際に必要です。なお、LINEアカウントは1つの電話番号で1つのアカウントしか取得できません。

1 「新規登録」を タップする

LINEを起動すると初回起動時のみアカウント登録画面が表示されるので、「新規登録」をタップします。

2 スマートフォンの 電話番号を登録

電話番号を入力して「→」をタップ。メッセージに従い認証番号をSMSで送信します。

3 「アカウントを新規 作成」をタップ

SMSが届き自動で登録されたら、切り替わった画面の「アカウントを新規作成」をタップします。

4 名前と画像を 登録する

LINEのプロフィールに表示される名前と画像を登録して、「→」をタップします。

5 パスワードを 登録する

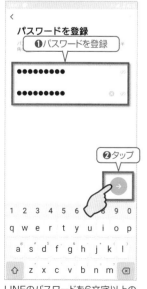

LINEのパスワードを6文字以上の英数字の組み合わせで登録して、「→」をタップします。

ここがポイント

パスワードは 誕生日などは 避ける!

パスワードの設定は、誕生日などわかりやすいものを設定しがちですが、注意が必要です。

LINEのパスワードは、スマホの機種変更の引継ぎやパソコン、タブレットなど複数機種でLINEを利用する際に必要になります。そのため他人に知られてしまうと乗っ取りなどの被害の可能性があります。簡単に推測されないものを設定しましょう。

7 友だち追加の設定は あとで行う

友だちの追加や年齢確認の画面が表示されますが、スキップしてあとでゆっくりと行いましょう。

8 LINEアカウントの 作成が完了する

利用規約にそれぞれ「同意する」→「OK」をタップしたら、アカウントの作成は完了です。

インストール、アカウント設定と友だち登録

画面操作の
基本を覚える

　LINEのインターフェースは「ホーム」「トーク」「VOOM」「ニュース」「ウォレット」の5つのメニューで構成されています。画面をスワイプやタップしてメニュー画面の切り替えや前画面に戻るなどの操作を行います。これらの操作はLINE操作の基本中の基本なので、しっかり覚えましょう。

Android版LINEのインターフェースと基本操作

❶サブメニュー
切り替えたメニュータブ固有のサブメニューが表示されます。

❷プロフィール
名前やアイコン、コメント、BGMなど設定したプロフィールが表示されます。

❸検索
「ホーム」と「トーク」と「ニュース」に画面を切り替えた時は検索欄が表示されます。

❹メイン画面
切り替えたメニュー画面が表示されます（＊画像は「ホーム」画面を表示）。

❺メインメニュー
「ホーム」「トーク」「VOOM」「ニュース」「ウォレット」の5つのメニューは画面を切り替えても固定で表示されます。各メニューに更新情報があるとバッジが付きます。

❻前画面に戻る
端末本体の「戻る」キーをタップすると前の画面に戻ります。

LINEのインターフェースは「ホーム」「トーク」「VOOM」「ニュース」「ウォレット」の5つのメニューで構成されています。LINEはこの5つのメニューを切り替えて操作します。LINE本体の画面に関してはiPhoneとAndroidで差はありません。

1 LINEアイコンをタップして起動

タップ

ホーム画面のLINEアイコンか、アプリ管理画面のLINEアイコンをタップするとLINEが起動します。

2 LINE画面を上へスワイプして終了

❷下から上へスワイプ

❶タップ

端末の画面下部「−」をタップします。起動中のアプリ一覧の中からLINEを見つけて、下から上へスワイプするとLINEは終了します。

3 メインメニュータブを切り替える

選んでタップ

画面下部に表示されている5つのメニュータブから表示したいタブをタップしてメニュータブを切り替えます。

POINT

Androidの操作は機種によって違う

アプリの起動や終了、「戻る」などの操作は機種によって異なります。Androidスマホでも次ページで紹介するiPhone同様に操作するものも多く存在しているため、詳しくは各機種で操作方法を確認してください。

iOS版LINEのインターフェースと基本操作

❶サブメニュー

切り替えたメニュータブ固有のサブメニューが左右に表示されます。

❷プロフィール

名前やアイコン、コメント、BGMなど設定したプロフィールが表示されます。

❸検索

「ホーム」と「トーク」と「ニュース」に画面を切り替えた時は検索欄が表示されます。

❹メイン画面

切り替えたメニュー画面が表示されます（＊画像は「ホーム」画面を表示）。

❺メインメニュー

「ホーム」「トーク」「VOOM」「ニュース」「ウォレット」の5つのメニューは画面を切り替えても固定で表示されます。各メニューに更新情報があるとバッジが付きます。

LINEのインターフェースは「ホーム」「トーク」「VOOM」「ニュース」「ウォレット」の5つのメニューで構成されています。LINEはこの5つのメニューを切り替えて操作します。LINE本体の画面に関してはiPhoneとAndroidで差はありません。

---

1 LINEアイコンをタップして起動

ホーム画面に表示されているLINEアイコンをタップするとLINEが起動します。

2 アプリ選択画面を開いて起動を確認

iPhone X以前のモデルはiPhone本体のホームボタンを素早く2回押してアプリ選択画面を開きます。iPhone X以降のモデルは画面一番下の細長いバーを下から上にスワイプする途中で止めると起動中のアプリの一覧が表示されます。

3 上にスワイプしてLINEを終了する

起動中のアプリ一覧の中からLINEを見つけて、LINEの画面を下から上へスワイプするとLINEは終了します。

---

4 メニューをタップして画面を切り替え

画面下部に表示されている5つのメニュータブから表示したいタブをタップして、メイン画面を切り替えます。

5 表示したい項目をタップして表示する

メイン画面が表示されたら、表示したい項目をタップします。

6 「＜」や「×」をタップで前画面に戻る

画面の左上や右上に表示される「＜」や「×」をタップすると前画面に戻ります。

7 画面を左から右へスワイプして戻る

画面を指で左から右へスワイプしても前画面に戻ることができます。

ホーム画面に表示される
プロフィールを設定する

　LINEのホーム画面では、表示される名前や自分のアイコン画像、友だちリストや「知り合いかも?」に表示される一言メッセージである「ステータスメッセージ」、カバー画像、自分の誕生日など様々なプロフィール情報が表示されます。このプロフィールはホーム画面のプロフィール設定で各項目を設定することができます。

プロフィールの設定画面を開く

1 メインメニュー「ホーム」をタップ

❷タップ

❶タップ

メインメニュー「ホーム」→「プロフィール」を順番にタップすると自分の「ホーム」が表示されます。

2 「歯車アイコン」をタップする

タップ

自分のホーム画面が表示されたら、「歯車アイコン」をタップするとプロフィールの設定画面が開きます。

LINEのプロフィールの画面構成

❶閉じる(×)
プロフィール画面を閉じます。

❷BGM
登録したBGMが流れます。

❸QRコード
友だち登録に利用するQRコードを表示します。

❹設定
プロフィールの設定画面を表示します。

❺プロフィール画像
プロフィール画像が表示されます。

❻名前／生年月日
登録した名前と生年月日が表示されます。

❼ステータスメッセージ
ステータスメッセージが表示されます。

❽プロフィールスタジオ／デコ／KEEP／ストーリー
プロフィール画面を編集するプロフィールスタジオ／デコ／KEEP／ストーリー投稿画面へのショートカットです。

❾LINE VOOM投稿
LINE VOOMの投稿画面が表示されます。

**OINT**　自分だけのプロフィール画面にするには?

プロフィール画面はそのままでもまったく問題ありませんが、「デコ」機能で装飾したり、アバターを使って好みの画面にすることもできます。

「デコ」をタップするとプロフィール画面に素材を組み合わせてデコレーションすることができます。

あらかじめ用意された素材を組み合わせたり、写真を合成したり、自分だけの画面を作りましょう。

「プロフィールスタジオ」をタップするとプロフィール画像に利用できるアバターを作成できます。

アバターの作成には「プロフィールスタジオ」の利用が必要です。作成にはコインが必要となります。

ホーム画面に表示されるプロフィールの主要項目を設定する

> LINEでの自分の
> 名刺代わり!

1 プロフィールに表示される アイコン画像を設定する

プロフィールの丸い画像部分をタップし、切り替わった画面の「編集」をタップします。「カメラで撮影」「写真または動画を選択」「プロフィールスタジオ」が表示されたら、選んで画像を設定しましょう。

2 現在設定されている ユーザー名を変更する

「名前」の項目には現在設定されているユーザー名が表示されています。変更する場合は「名前」をタップします。入力欄にユーザー名を20文字以内で入力して「保存」をタップするとユーザー名の変更は完了です。

3 プロフィールに表示される メッセージを設定する

「ステータスメッセージ」をタップすると「知り合いかも?」に表示される一言メッセージを設定できます。入力欄に500字以内でステータスメッセージを入力して「保存」をタップするとメッセージの設定は完了です。

4 プロフィールに表示される LINE IDを設定する

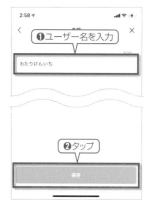

「ID」をタップすると半角英数字20文字以内でLINE IDを設定することができます。LINE IDは一度設定してしまうと変更できないので、設定する場合は慎重に決めましょう。

5 プロフィールに表示される 誕生日を設定する

「誕生日」をタップするとプロフィールに誕生日と誕生日・年齢の公開・非公開を設定できます。誕生日を登録すると誕生日にお祝いメッセージが届いたりします。

6 変更をストーリーに 投稿する

プロフィール画像やBGMを変更する際、投稿画面で「ストーリーに投稿」にチェックをすれば、変更したことがストーリーに投稿されます。ストーリーとは、「VOOM」タブにある、24時間限定で公開される投稿機能です。

7 LINEとLINE MUSICを連携して プロフィールで流れるBGMを設定する

 →  →  →

BGMの設定にはLINE IDとメールアドレスの登録が必要になります。LINE IDは手順4を参考に、パスワードはメインメニュー「その他」→「設定」→「アカウント」→「メールアドレス」を順番にタップして登録します。

プロフィール設定のBGMをオンに設定します。LINE MUSICをインストールしていない場合はメッセージが表示されるので、iPhoneはApp Store、AndroidはGoogle PlayにアクセスしてLINE MUSICをインストールします。

BGMをオンに設定するとLINE MUSICが起動するので、「ログイン」をタップしてLINEアカウントでログインします。初回起動時のみLINE MUSICの利用規約やアプリ権限などに同意項目があるので「同意する」をタップします。

LINE MUSICからBGMにする曲を選んで、曲名の横の「…」をタップします。「LINE BGM〜」をタップして、「BGMに設定」をタップするとBGMの設定は完了です。プロフィールやホーム画面で設定したBGMが流れるようになります。

※LINE MUSICは有料/無料のプランがありますが、プロフィールBGMは無料プランでも可能です。

LINEアカウントの設定を確認する

　LINEアカウントの管理画面では登録した電話番号の変更やGoogleアカウントとの連携、LINE IDやメールアドレスの登録、連動アプリやログイン中の端末の確認といったLINEアカウントに関する各種設定の変更や確認ができます。また、LINEを退会する際のアカウントの削除なども行えます。

LINEのアカウント管理画面を開く

1 メインメニュー「ホーム」をタップ

メインメニュー「ホーム」をタップして、「ホーム」画面を開きます。

2 「設定」をタップし設定画面を開く

タップ

「ホーム」画面の左上にある「設定（歯車アイコン）」をタップして設定画面を開きます。

3 「アカウント」をタップする

タップ

設定画面が開いたら設定項目の一覧から「アカウント」を選んでタップします。

4 設定・変更する項目をタップする

変更する項目を選んでタップ

アカウント管理画面の項目で設定もしくは変更する項目があった場合はその項目をタップします。

LINEのアカウントの画面構成

❶電話番号
LINEに登録している電話番号が表示されます。タップすると電話番号を変更できます。

❷メールアドレス
バックアップ用のメールアドレスの登録が行えます。

❸パスワード
メールアドレスと同様にバックアップ用のパスワードを登録できます。

❹生体認証
端末に登録されているFace IDなどの生体認証でLINEにログインできるように設定します。

❺Apple
AppleのIDとLINEを連携することができます。

❻Google
GoogleとLINEを連携することができます。

❼連動アプリ
LINEと連携しているアプリの一覧を表示します。

❽他の端末と連携
パソコンやタブレットなど他の端末のLINEと連携します。

❾ログイン許可
現在利用しているLINEアカウントでパソコンなどの他の端末のLINEにログインすることを許可します。

❿Webログインの2要素認証
オンにするとWebでLINEにログインする際に2要素認証が必要になります。

⓫パスワードでログイン
メールアドレスとパスワードでログインできるようにします（セキュリティ上、推奨されていません）。

⓬ログイン中の端末
同一のLINEアカウントでログインしている端末の一覧を表示します。

⓭アカウント削除
LINEアカウントを削除してLINEを初期状態にします。

POINT
LINEのアカウント削除

万が一LINEの利用をやめたくなりアカウントを削除する場合は、「設定」→「アカウント」の画面より「アカウント削除」をタップします。削除自体は、画面の指示に従うだけなので簡単ですが、削除後は当然LINEが使えなくなるので実行する際には十分注意しましょう。

PART 1

メールアドレスを登録する

LINEにメールアドレスを登録しておくとスマートフォンを機種変更した場合のLINEアカウントの引き継ぎが可能になります。また、LINEが提供するサービスの中には、メールアドレスの登録が必須のサービスもあります。

1 「メールアドレス」を タップ

メインメニュー「ホーム」→「設定」→「アカウント」を順番にタップします。「アカウント」メニューの「メールアドレス」をタップします。

2 メールアドレスと 認証番号を入力

❶メールアドレスを入力

❷タップ

❸4桁の認証番号を入力

入力ボックスにメールアドレスを入力して「次へ」をタップします。認証番号がメールに送信されるので、メール記載の認証番号を入力して「メール認証」をタップするとメールアドレスの登録が完了します。

パスワードを変更する

LINEアプリのインストール直後に設定するパスワードですが、のちに冷静に考えて変更したくなったり、セキュリティ面を考慮して定期的に変更したりすることがあると思います。変更はアカウント設定から簡単に行うことが可能です。

1 「パスワード」を タップ

メインメニュー「ホーム」→「設定」→「アカウント」を順番にタップします。「アカウント」メニューの「パスワード」をタップします。

2 パスワードを 変更する

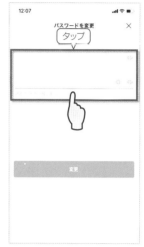

タップ

パスワードの変更ページに切り替わったら新パスワードを2回入力して変更しましょう。

P O I N T | LINE IDを 設定する

LINE IDは半角英数20字以内で設定するLINE専用の個人IDです。LINE IDを設定してID検索をオンに設定しておくと、より手軽に友だち登録ができる反面、セキュリティの面では、設定しない方が安全です。

1 「ID」を タップする

タップ

メインメニュー「ホーム」→「プロフィール」→プロフィール画面の「プロフィール」→「ID」を順番にタップします。

2 20字以内で ID名を入力

❶文字列を入力して「使用可能〜」をタップ

fdeygseut737

fdeygseut737

❷タップ

入力ボックスに半角英数20字以内でID名を入力します。入力したID名が使用可能な場合は「保存」をタップしてIDを決定します。1度設定したLINE IDは2度と変更できません。LINE IDを設定した場合は絶対にインターネット上で公開しないようにしましょう。

P O I N T | AppleやGoogleの アカウントと連携する

AppleやGoogleのアカウントを利用している人は、LINEのアカウントと連携をさせることが可能です。アカウントを連携させることでそれぞれのサービスの一部がLINEで利用できたり、ログインを一括で管理するなど利便性が広がります。一方で、1つの情報流出で両方の情報が流出するなどデメリットもあります。連携を行わなくてもLINE利用に大きな問題はありませんので、よく考えて利用しましょう。

連携は、「ホーム」→「設定」→「アカウント」、連携したい項目をタップして行います。トークや通話など通常のLINEの操作は連携なしでも問題ないので、連携の際はよく考えて利用しましょう。

LINEの年齢確認を行う

LINEの「年齢確認」とは18歳以上である証明のようなもので、通常のLINEの利用に絶対必要な機能ではありません。友だちを探すために「ID検索」や「電話番号検索」をする場合などに必要になります。年齢確認はLINEとdocomo/au/ソフトバンクなど、キャリアと連動したシステムのため、LINE本体の操作だけでなく各キャリアの対応が必要になります。

LINEの年齢確認を行う

1 ホームの設定をタップする

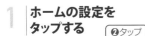

LINEアプリの年齢確認を行う際は、「ホーム」をタップし、「設定」アイコンをタップします。

2 「年齢確認」をタップする

設定画面が開いたら「年齢確認」をタップしましょう。年齢認証済みの場合は「ID検索可」になっています。

3 「年齢確認結果」をタップする

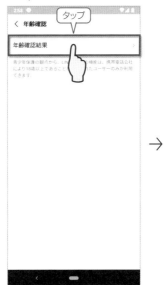

年齢確認画面に切り替わったら「年齢確認結果」をタップしましょう。

4 キャリアを選んでタップする

利用中のスマートフォンのキャリアを選んでタップします。各キャリア毎に方法が異なるので指示に従い進めましょう。

POINT 年齢確認が認証されない場合

正しい手順で年齢確認を行ったのに認証されない場合は端末の利用者情報が登録されていない可能性があります。各キャリアのインフォメーションセンターに連絡するか最寄りの各キャリアのショップへ出向いて利用者情報を登録しましょう。

各キャリアのインフォメーションセンターに連絡するか最寄りのキャリアショップで確認しましょう。

POINT 格安SIMの年齢確認

LINEの年齢確認はキャリアの回線契約情報から年齢データを取得しているため、格安SIMを利用している場合は年齢確認を行えるものと行えないものがあります。2024年5月現在では3大キャリアのほかに「ワイモバイル」「LINEモバイル」「イオンモバイル」「mineo」「IIJmio」「楽天モバイル」「UQモバイルの一部プラン」で年齢確認が可能となっています。

年齢確認をするなら、3大キャリアか、もしくは上記の業者と契約する必要がある。

重要!!

LINEのプライバシー設定を確認する

　自分だけでなく他人の個人情報も集約されているLINEアカウントのプライバシー管理はLINEを利用する上で非常に重要な操作です。盗み見防止のパスコードロックやID検索許可などLINEアカウントのプライバシー管理に関する設定は「設定」を開いて「プライバシー管理」で行います。

これで他人にスマホを
さわられても安心!

LINEにパスコードロックをかける

1 「プライバシー管理」をタップ

メインメニューの「ホーム」→「設定」→「プライバシー管理」を順番にタップします。

2 パスコードロックを「オン」にする

オンに設定

「パスコードロック」のスライドバーを右へスライドしてパスコードロックを「オン」にします。

3 パスコードを設定する

パスコードの入力画面で数字4桁のパスコードを入力します。再度パスコードを入力するとパスコードの設定は完了です。

4 パスコードを変更する

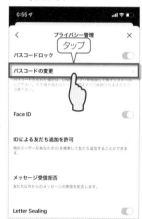

タップ

「プライバシー管理」画面の「パスコードの変更」をタップします。パスコードの入力画面で新しいパスコードを入力します。

ID検索をオフに設定する

　LINE IDとは、LINEユーザーを識別するために使われる固有の符号で、1つのアカウントに対して1つのLINE IDを登録することが可能です。LINE IDの検索機能はオンに設定した状態だと、見知らぬユーザーからメッセージが届いてしまう可能性があるので、使わない場合はオフに設定しておきましょう。

タップ

オフに設定

メインメニュー「ホーム」→「設定」→「プライバシー管理」を順番にタップします。「IDによる友だち追加を許可」のスライドバーを左へスライドしてオフに設定します。これでLINE IDで検索されることがなくなります。

友だち以外のメッセージを受信拒否する

　LINEはそのアプリの性質上、友だち以外のユーザーからメッセージが届く可能性があります。身に覚えのないメッセージに応答するのは不要なトラブルを招く可能性があるので、そういった事態を防止するために友だち登録している以外のユーザーのメッセージを受信拒否して、友だち登録しているユーザーとのみやり取りをしましょう。

タップ

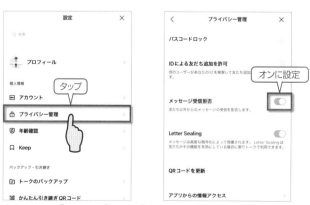

オンに設定

メインメニュー「ホーム」→「設定」→「プライバシー管理」を順番にタップします。「メッセージ受信拒否」のスライドバーを右へスライドし、オンに設定しましょう。

インストール、アカウント設定と友だち登録

重要!!

友だち登録の基本を覚えよう

LINEの友だち登録は電話でいうアドレス帳のようなもの。トークをするにも通話するにも最初に必要になる手順です。友だち登録の方法は複数用意されていますので、まずどんなものがあるか、どういう場面で使うのに便利かを把握しましょう。

PART 1

利用前によく
考えてみよう!

LINEインストール直後に便利な自動追加方法

LINEにはスマートフォンの連絡先をすべてLINEにアップロードして、その中からLINEを利用しているユーザーを自動的に検出し、友だち登録をしてくれる機能があります。インストール直後に手っ取り早く追加をするには便利である反面、自動的な追加を許可するか、しないかはユーザーの設定によって異なるため、必ずしもアドレス帳の知り合い全員が追加されるわけではありません。また、自動的な追加を許可することで知らない人と繋がってしまったりと、セキュリティ面での不安もありますので、必要に応じて使うようにしましょう。

→ P23

連絡先から友だちを自動検出する「友だち自動追加」

スマートフォンの連絡先に登録してある連絡データの中からLINEを利用しているユーザーを自動的に検出してLINEに友だち登録する機能です。機能を「オン」にしておけば、スマートフォンのアドレス帳に基づき自動的に友だちが追加されます。

離れた友人に連絡先を送信
招待

→ P25

自分のLINEアカウントの情報をURLにして、友だちにメールやSMSで送って、LINEに友だち登録してもらいます。離れた場所にいる友人や複数の友人にLINEの友だち登録をしてもらう際に役立ちます。

目の前の人と連絡先を交換
QRコード

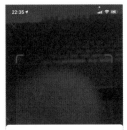

→ P26

LINEに搭載されたQRコードリーダーを利用して、自分のQRコードを読み取ってもらうか、相手のQRコードを読み取って友だち登録を行います。QRコードリーダーの起動は「友だち追加」の「QRコード」をタップします。

設定を行い友だちを検索
ID／電話番号検索

→ P27

「ID／電話番号検索の許可」をオンにして年齢確認を済ませると、「ID／電話番号検索」から相手のIDや電話番号を検索して友だち登録ができます。ただし、「ID／電話番号検索」は目の前にいる友人のIDを登録する場合のみ活用するようにしましょう。

自動登録で友だちを LINEに登録する

「友だち自動追加」や「友だちへの追加を許可」は端末の連絡先データすべてをLINEへアップロードして友だちを割り出す機能です。端末の連絡先データすべてをLINEへアップロードするということは、LINEユーザーであることを知られたくない相手にも知らせてしまう可能性があるということを理解しておく必要があります。

1 「歯車」アイコンをタップする

メニュータブの「ホーム」→「歯車」アイコンを順番にタップしてLINEの設定画面を表示します。

2 「友だち」をタップする

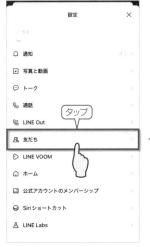

LINEの設定画面が表示されたら、「友だち」をタップします。

3 「友だち自動追加」をオンに設定

「友だち自動追加」を右へスライドしてオンにすると、端末の連絡先に含まれるLINEユーザーが自動的に追加されます。

4 「友だちへの追加を許可」をオン

「友だちへの追加許可」をオンにすると、自分の電話番号を知っているLINEユーザーが自動で友だち追加したり、電話番号検索をかけたりすることができるようになります。

POINT | **「知り合いかも？」の友だち登録は要注意！**

友だち追加の一覧に表示される「知り合いかも？」は、自分は友だち登録していない相手が自分を友だち登録している場合に表示されます。まったく知り合いではない人も表示されることがあるので、「知り合いかも？」から安易に友だち登録してしまうと見知らぬ第三者と友だちになってしまう危険性もあります。「知り合いかも？」から友だち登録する場合は相手を確認してから登録するようにしましょう。

「知り合いかも？」の一覧にはユーザー名の下に表示される理由が表記されています。まったく知り合いではない人も表示されることがあるので、「知り合いかも？」からの友だち登録は慎重に行いましょう。

「知り合いかも？」に表示される理由

「電話番号で友だちに追加されました」
相手が自分の電話番号を端末の連絡先に登録していて、「友だちを追加」をオンにしている場合はこのような表示になります。

「LINE IDで友だちに追加されました」
相手が「友だち追加」の「ID検索」からIDを検索して、友だち登録している場合はこのような表示になります。

「QRコードで友だちに追加されました」
相手が「友だち追加」の「QRコード」を利用して友だちを追加した場合はこのような表示になります。

「理由が表示されない（空白）ケース」
グループトークなどで同じグループに参加しているユーザーが参加者のメンバーリストなどから自分を友だちに追加した場合やトーク内で自分の連絡先が共有された場合にこのような表示になります。

手動登録で友だちを LINEに登録する

　LINEにはスマートフォンに登録している連絡先からLINEユーザーを自動的に検出して友だち登録する友だち自動追加のほかにも、手動で友だちを登録する機能もいくつか搭載されています。この機能を利用すると、目の前にいる友だちや知り合いがLINEユーザーだった場合、すぐに登録できます。

PART
1

「友だち追加」画面を表示する

1 「友だち追加」を タップする

メインメニュー「ホーム」→「友だち追加」を順番にタップします。

2 登録方法を 選んでタップ

「友だち追加」画面の上部に表示されている友だちの追加方法を選んでタップします。

ここ が ポイント

もっとも多く利用する方法！

実際に対面した相手と友だち登録をするときなどはQRコードを使った友だち登録を使うケースがほとんどです。まずマスターしたい方法です。それぞれの友だち登録の詳細は、次ページ以降で紹介します。

3 画面を 閉じる

iPhoneで「友だち追加」画面を閉じるときは「×」を、Androidの場合は「<」をタップします。

「友だち追加」画面の機能と役割

❶友だち設定
　LINEの各種設定の友だち設定が表示されます。友だち自動追加などを設定できます。

❷閉じる／戻る
　「友だち追加画面」を閉じて「友だち」画面に戻ります。Androidは端末の「戻る」キーをタップします。

❸友だち手動追加メニュー
　友だち手動追加のメニューが表示されています。タップするとそれぞれの機能が起動します。

❹友だち自動追加
　友だち自動追加の設定内容が表示されます。タップするとLINEの各種設定の友だち設定が表示されます。

❺グループ作成
　LINEに登録した友だちでグループを作ることができます。

❻知り合いかも?
　自分のアカウントを登録しているLINEユーザーで、自分が友だちなっていないユーザーが一覧表示されます。

方法1:「招待」で友だちを登録する

LINEの「招待」機能は本来、LINEを知らない友だちにメールでLINEを教えてあげるという機能ですが、この「招待」機能を応用すると、遠くにいる友だちに自分の登録情報をURL化してメールで送信することができます。すでに友だちがLINEユーザーであれば、URLにアクセスすると友だち登録されます。

遠くにいる友だちに自分の登録情報をURL化してメールで送信する

1 「友だち追加」をタップする

メインメニュー「ホーム」→「友だち追加」を順番にタップします。

2 「友だち追加」の「招待」をタップ

「友だち追加」画面の友だち追加メニューの「招待」をタップします。

3 「メールアドレス」をタップする

「SMS」か「メールアドレス」の選択メニューが表示されるので、「メールアドレス」をタップします。

4 メールリストの「招待」をタップ

端末に登録してあるメールアドレスのリストが表示されるので、選んで「招待」をタップします。

5 メールを送信する

QRコード、URLが記載された招待メールが作成されますので、送信しましょう。

POINT トークで友だちに別の友だちを紹介する方法

トーク画面で「+」→「連絡先」→「LINE友だちから選択」をタップし、教えたい友だちを選べばトークで友だちを紹介できます。

LINEでは共通の友人にアカウントを紹介することができます。方法は簡単。連絡先を教えたい友だちとのトークルームで「+」→「連絡先」をタップして、「LINE友だちから選択」から教える友だちを選んで送信するだけ。受信側は送られてきたトークをタップし、追加をすることで友だち登録ができます。

POINT 登録情報のURLを他のSNSで公開しない

自分の登録情報のURLはLINEユーザーであれば、URLにアクセスするだけで友だち登録できるので、FacebookなどのSNSで公開した場合、不特定多数のユーザーと友だちになってしまう可能性があります。不要なトラブルの元になるので親しい友人以外には教えないようにしましょう。

重要!!

方法2:「QRコード」で 友だちを登録する

LINEの友だち登録の中でもよく利用されているのが、このQRコードを使った追加方法です。LINEに搭載されているQRコードリーダーで、相手が表示したQRコードを読み取ることで、友だち追加を行います。目の前の友だちを追加するだけなく、メールで送付して離れた友だちを追加することも可能です。

友だちにQRコードを表示してもらって友だち登録する

もっとも一般的な方法です!

1 「QRコード」をタップする

メインメニュー「ホーム」→「友だち追加」を順番にタップします。「友だち追加」画面の「QRコード」をタップするとQRコードリーダーが起動します。

2 友だちにQRコードを表示してもらう

自分の端末のQRコードリーダーが起動します。友だちにはQRコードを表示してもらいましょう。

3 友だちのQRコードを読み取って登録する

❶友だちのQRコードを読み取る

❷タップ

友だちの端末に表示されたQRコードを読み取ります。QRコードリーダーの画面枠内に収めると自動認識されます。読み取った友だちの「追加」をタップすると登録完了です。

POINT

自分のQRコードを表示する

友だち登録をしたい相手のQRコードを読みこむのとは逆に、自分のQRコードを表示し友だちに読み取って登録してもらうことも可能です。QRコードの表示は、コードリーダーが起動している際に「マイQRコード」をタップするだけ。この場合の注意点としては、自分の端末に登録するために一度トークを送ってもらう必要があるということです。

タップ

QRコードリーダーが起動している画面の「マイQRコード」をタップすると自分のQRコードが表示されます。

POINT

QRコードで離れた友だちを登録する

QRコードは実際にその場で会っていない離れた友だちを登録するのにも便利です。QRコードをそのままシェアすることもできますが、受信した友だちは、QRコードを保存して読み取る手間がかかるため、友だち登録するときに手間にならないようにリンクをコピーして、メールなどで知り合いに送る方法がおすすめです。

タップ

マイQRコードを表示して、「リンクをコピー」をタップ。コピーしたリンクをメールに貼り付けて送信します。「シェア」でQRコードの画像を送ることもできます。

方法３：「ID/電話番号検索」で友だちを登録する

LINE IDか電話番号がわかっていれば、LINEアプリ上でLINE ID／電話番号を検索して友だちを見つけることができます。LINE IDとは、LINEユーザーを識別するために使われる固有の符号です。ただし、年齢確認が必須なのに加え、相手が検索を許可する設定にしていないと利用できません。

LINE IDを検索して友だちを登録する

1 事前に年齢確認を済ませておく

メインメニュー「ホーム」→「設定」から年齢確認（P20）を行います。年齢確認の方法は各キャリアによって方法が違うので、各キャリアの指示に従って年齢確認を行います。

2 友だち追加画面の「検索」をタップ

メインメニュー「ホーム」→「友だち追加」→「検索」を順番にタップします。

3 友だちのLINE IDを入力

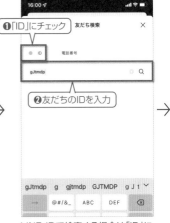

❶「ID」にチェック
❷友だちのIDを入力

LINE IDで検索する場合は「ID」にチェックを入れて、友だちのLINE IDを入力して検索を開始します。

4 友だちを検出したら「追加」をタップ

検索結果が表示されるので、「追加」をタップすれば友だちリストへの登録が完了します。

電話番号を検索して友だちを登録する

1 事前に年齢確認を済ませておく

メインメニュー「ホーム」→「設定」から年齢確認（P20）を行います。年齢確認の方法は各キャリアによって方法が違うので、各キャリアの指示に従って年齢確認を行います。

2 友だち追加画面の「検索」をタップ

メインメニュー「ホーム」→「友だち追加」→「検索」を順番にタップします。

3 友だちの電話番号を入力

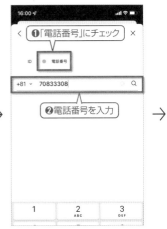

❶「電話番号」にチェック
❷電話番号を入力

電話番号で検索する場合は「電話番号」にチェックを入れて、友だちの電話番号を入力して検索を開始します。

4 友だちを検出したら「追加」をタップ

検索結果が表示されるので、「追加」をタップすれば、友だちリストへの追加が完了します。

友だちリストを効率よく管理する

　LINEに登録した友だちはすべて友だちリストに表示されますが、ある程度友だちが増えると友だちリストの表示が増えてきて友だちを探すのに苦労する場合があります。そんな時は、友だちリストの「お気に入り」や「非表示」といった機能を利用すると友だちリストを効率よく管理することができます。

特定の友だちを「お気に入り」に登録する

　頻繁に連絡する親しい友だちは「お気に入り」に登録しましょう。お気に入り指定した友だちは友だちリストに「お気に入り」としてまとめて友だちリストの上段に表示されるので、友だちリストから探し出す手間を省くことができます。友だちのお気に入り登録は友だちの詳細画面から行います。また、お気に入り登録は友だち何人でも登録することができます。お気に入り登録を活用して効率よく友だちリストを管理しましょう。

1 お気に入り登録する友だちをタップ

メインメニュー「ホーム」→「友だちリスト」を開いて「お気に入り」に登録する友だちをタップします。

2 友だちの詳細画面の「☆」をタップ

友だちの詳細画面が開いたら友だちの名前の上にある「☆」をタップします。色が緑に変わればお気に入り登録完了です。

3 お気に入りが一覧表示される

友だちリストに「お気に入り」欄が作成され、お気に入り登録した友だちが一覧表示されます。

4 お気に入り登録を解除する

お気に入り登録の解除は友だちの詳細画面の「☆」をタップします。色が白に変わればお気に入り登録が解除されます。

POINT

友だちリストの表示名を変更する

　友だちリストの表示名は友だち自身がプロフィールに登録した名前が表示されるため、友だちリストに表示された友だちの名前がわかりにくくなることがあります。そんな時は友だちの表示名を自分がわかりやすい表示名に変更しましょう。

1 「ペン」アイコンをタップする

友だちリストを開いて、表示名を変更する友だちを選んでタップします。詳細画面に表示されている友だちの表示名の右にある「ペン」アイコンをタップします。

2 新しい友だちの表示名を入力

入力欄に友だちに付ける新しい表示名を入力して「保存」をタップすると、友だちリストの表示名が変更されます。

3 友だちの表示名を元の表示名に戻す

表示名を入力する際に現在の表示名を削除して何も入力せずに「保存」をタップすると元の表示名に戻ります。

「非表示」機能を利用して友だちリストを整理する

LINEを長く利用していると友だちが増えていくことはもちろん、公式アカウントの登録も増えたりして友だちリストから特定の友だちを探すことが面倒になっていきます。そんな時はあまり連絡をとらない友だちや公式アカウントを「非表示」に設定して友だちリストを整理整頓しましょう。この「非表示」機能はあくまで友だちリストに表示されなくなるだけなので、非表示を解除して再表示することも可能です。

増えすぎた友だちには非表示で対応!

1 友だちをロングタップ

❷非表示にする友だちをロングタップ

❶タップ

メインメニュー「ホーム」をタップして友だちリストを表示します。非表示にする友だちをロングタップします。

2 「非表示」をタップする

タップ

表示された操作メニューの「非表示」をタップすると、友だちが非表示になります。

3 非表示リストを確認する

タップ

メインメニュー「ホーム」→「設定」→「友だち」→「非表示リスト」を順番にタップすると非表示リストが表示されます。

4 非表示にした友だちを再表示する

❶タップ

❷タップ

友だちを再表示する場合は一覧の「編集」をタップして「再表示」を選びます。

拒否したい友だちはすべて「ブロック」

友だちと連絡を取るのに便利なLINEではありますが、電話番号やIDを利用する友だち登録の設定では一つの間違いで知らない人と繋がってしまうことがあります。万が一知らない人に友だち登録された場合や一度つながった友だちとトラブルとなり、やり取りをやめたい場合は「ブロック」機能を利用しましょう。「ブロック」機能は特定の友だちからの連絡をシャットアウトする機能で、設定された友だちからの連絡は一切入らなくなります。

無理して友だちでいる必要はない!

1 友だちをロングタップ

❷ブロックしたい友だちをロングタップ

❶タップ

メインメニュー「ホーム」をタップして友だちリストを表示します。ブロックする友だちをロングタップします。

2 「ブロック」をタップする

タップ

表示された操作メニューの「ブロック」をタップすると、友だちをブロックできます。Androidの場合も操作は同じです。

3 ブロックリストで確認する

タップ

メインメニューの「ホーム」→「設定」→「友だち」→「ブロックリスト」を順番にタップするとブロックリストが表示されます。

4 ブロックした友だちを解除する

❶解除したい友だちにチェック

❷タップ

iPhoneは、チェックを入れて「ブロック解除」をタップ。Androidは「編集」→「ブロック解除」をタップします。

Q. LINEを安心して使うための注意事項や設定方法はあるの?

A. 安全に使うためのポイントを押さえましょう

不審なメッセージには絶対に返信しない!

LINEの性質上、友だち以外のユーザーからメッセージが届く可能性があります。相手の連絡先に自分の電話番号が登録されていたことで相手のみがあなたをLINE友だちにしている場合、昔の友人や知人で電話帳から消えてしまっている人など様々な理由が考えられますが、身に覚えのないメッセージに応答するのは不要なトラブルを招く可能性があります。友だち登録している以外のユーザーのメッセージを受信拒否して、友だち登録しているユーザーとのみメッセージのやり取りをしましょう。見知らぬユーザーからのメッセージに絶対返信してはいけません。

1 設定をタップする
メインメニュー「ホーム」→「設定」を順番にタップします。

2 「プライバシー管理」をタップする
設定の画面が開いたら「プライバシー管理」をタップします。

3 受信拒否をオンにする
「メッセージ受信拒否」を右へスライドして設定します。これで友だち以外からはメッセージが届かなくなります。

必要な時以外はID検索をオフに設定する

LINE IDとは、LINEユーザーを識別するために使われる固有の符号で、1つのアカウントに対して1つのLINE IDを登録することが可能です。登録しておくと友人とLINE IDを検索して、スムーズに友だち登録ができるようになりますが、設定したIDを知らないユーザーに検索され、見知らぬユーザーからメッセージが届いてしまう可能性があります。LINE IDの検索機能は使う時のみオンに設定して、使わない場合はオフに設定しましょう。LINEのセキュリティは格段に高まります。

「IDで友だち追加を許可」を「オフ」に設定する
メインメニュー「ホーム」→「設定」→「プライバシー管理」を順番にタップします。iPhoneは「IDで友だち追加を許可」のスライドバーを左へスライドしてオフに設定します。Androidは「IDで友だち追加を許可」の項目のチェックを外してオフに設定します。

LINE IDの取り扱いには要注意!

LINE IDは半角20文字以内で自分で設定を行いますが、一度設定をすると2度と変更できません。安易にネット上に公開しないようにしましょう。

絶対に必須の設定というわけではありません!

LINEの不正ログインを防止する

パソコン版LINEやタブレット版LINEとスマホ版LINEを併用していると誰かが自分のアカウントでログインする可能性や自分が席を外している間に盗み見する可能性もあります。パソコンやiPadでLINEを利用しない時は他の機器からのログインをオフに設定しておきましょう。

また、アカウントメニューの「ログイン中の端末」では同アカウントでログインしている機器を一覧表示することができるので、自分のアカウントが不正に利用されていないか定期的にチェックしましょう。

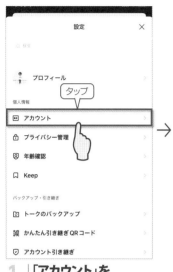

1 「アカウント」をタップ

メインメニューの「ホーム」→「設定」→「アカウント」を順番にタップします。

2 「ログイン許可」をオフに設定する

「ログイン許可」のスライドバーを左へスライドしてログイン許可を「オフ」にします。

不正ログインをチェックする

1 「ログイン許可」をオン

メインメニューの「ホーム」→「設定」→「アカウント」を順番にタップします。「ログイン許可」のチェックボックスのチェックを入れてログイン許可を「オン」にし、「ログイン中の端末」をタップします。

2 ログイン中の端末が一覧表示される

ログイン中の端末が一覧表示されます。表示されている端末の「ログアウト」をタップすると強制的にログアウトすることができます。

トークの通知設定を見直して再設定する

LINEでメッセージを受信したら画面にポップアップで通知してくれるLINEの通知機能は便利な機能ですが、設定によっては受信したメッセージを他人が読んでしまう危険性も伴います。特にAndroidの場合はiPhoneよりも通知機能が充実しているので、設定によってはメッセージをすべて見られてしまう可能性もあります。LINEの通知機能は設定に応じてトークの内容を通知に表示しないようにしたり、通知自体をオフにすることもできます。

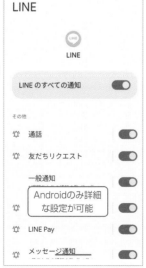

通知設定をオフにする

LINEの通知自体をオフに設定します。メインメニューの「ホーム」→「設定」→「通知」をオフに設定します。Androidのみ、より細かく設定することも可能です。

トーク内容を表示せず通知する

iPhoneは「新着メッセージ」をオン、「メッセージ内容表示」をオフに設定すると通知にトーク内容が表示されません。Androidは「メッセージ通知」をタップし、細かく設定をすることが可能です。

困ったを解決する アカウント設定&友だち登録 のQ&A

Q. スマホの機種変更でLINEアカウントを引き継ぐ方法は?

A. メールアドレスを登録して引継ぎ許可を設定します

機種変更などの際にそれまで使っていたLINEアカウントを機種変更後の端末で引き継ぐためには旧端末と新端末それぞれで引き継ぎの手順を行う必要があります。LINEアカウントの引き継ぎをせず

に新端末で「新規登録」をしてしまうと、それまで使用していたLINEアカウントが削除され、友だちやグループ、購入したスタンプなど保有していた全ての情報が消滅してしまいます。機種変更前に旧端末の

LINEでメールアドレスとパスワード登録と引継ぎ許可設定は必ず行いましょう。引継ぎ許可設定は24時間以内に引き継ぎを行う必要があるので、機種変更を行う当日に設定しましょう。

PART 1

1 メールアドレスとパスワードを登録

旧端末のLINEでメインメニュー「ホーム」→「設定」→「アカウント」→「メールアドレス登録」を順番にタップしてメールアドレスとパスワードを登録します。

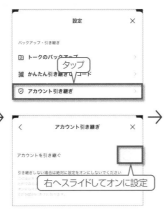

2 引き継ぎ設定をオンに設定する

旧端末のLINEでメインメニュー「ホーム」→「設定」→「アカウント引き継ぎ」を順番にタップして設定をオンにします。

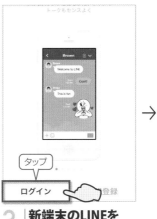

3 新端末のLINEを起動する

新端末のLINEを起動してLINEアカウントの新規登録画面の「ログイン」をタップします。

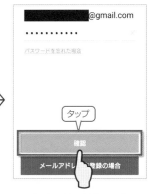

4 メールアドレスとパスワードを入力

旧端末のLINEで設定したメールアドレスとパスワードを入力します。

5 電話番号を登録する

電話番号の入力を求められるので新端末の電話番号を入力します。SMSで認証番号が送付されるのでSMSに記載された認証番号を入力します。以上でアカウントの引継ぎは完了です。

POINT

QRコードを使って簡単引継ぎ

LINEアカウントの引き継ぎで、最も簡単なものが2022年6月に追加されたQRコードを使った方法です。引き継ぎに必要なのは新旧スマホだけ。旧スマホで表示をしたQRコードを、新スマホのLINEで読み取るだけ。電話番号やパスワードの入力も不要で、引き継ぎができます。

旧スマホで「ホーム」→「設定」→「かんたん引継ぎQRコード」をタップします。あとは新スマホで、旧スマホに表示されたQRコードを読み込みましょう。

POINT | 引き継ぎにかかる時間は24時間以内で!

引き継ぎ許可設定は一定時間を過ぎるとオフになってしまします。引き継ぎ許可設定をオンに設定したら必ず24時間以内に引き継ぎを開始しましょう。また、引き継ぎ許可設定は引き継ぎ以外で絶対にオンにしないでください。

Q. 機種変更の際、LINEのトーク履歴は引き継げるの？

A. バックアップデータを読み込んで引継ぎ可能です

スマートフォンを機種変更した際、LINEアカウントを引き継ぐだけではトークは引き継がれません。トーク履歴の引き継ぎはバックアップ機能を利用し、アカウント引継ぎ時に行います。トーク履歴

のバックアップは、「ホーム」→「設定（歯車）」→「トーク」のバックアップより簡単に行うことができます。バックアップのデータはiPhoneならiCloud、AndroidであればGoogleドライブを利用して行

います。ちなみにバックアップからの履歴の復元は、Androidであればいつでも行えますが、iPhoneではアカウント引継ぎ時のみに可能です。

トークのバックアップ・データの作成方法

1 「トークのバックアップ」をタップする

メインメニュー「ホーム」→「設定」→「トークのバックアップ」（Androidは「トークのバックアップ・復元」）の順番にタップしてバックアップの画面を開きましょう。

2 「今すぐバックアップ」をタップする

はじめてバックアップを行うときはバックアップ画面が表示されます。「今すぐバックアップ」をタップしましょう。

すでにバックアップデータがある場合はトークのバックアップ画面が表示されます。すぐにバックアップを取りたい場合は「今すぐバックアップ」をタップします。

3 PINコードを設定する

トーク履歴の復元の際に利用するPINコードを設定します。6桁の数字が設定可能ですので、自分の覚えやすいものを入力しましょう。入力が終わったら「→」をタップします。

4 AndroidはGoogleアカウントが必要

AndroidはGoogleアカウントとの連携が必要です。アカウント選択をタップして、連携するアカウントを選択します。あとは指示に従い、少し待てばバックアップ完了です。

5 バックアップ先の容量に注意

バックアップ先であるiCloudやGoogleドライブの容量が足りないとバックアップを取ることができません。エラーメッセージが表示されるので確認しましょう。

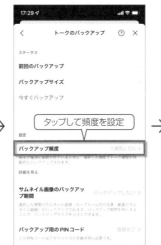

6 バックアップの頻度を設定

「バックアップ頻度」をタップし、自動でバックアップする頻度を選択しておけば自動的にバックアップをしてくれるので、万が一の際も安心です。

7 バックアップから履歴を復元する

Androidは「復元する」からいつでも復元が可能です。iPhoneはアカウント引継ぎの際にバックアップを読み込むことで可能です。

困ったを解決する 便利機能 のQ&A

Q. 万が一の災害時にもLINEは活用できるの?

A. 活用できる便利機能があるので覚えておきましょう。

いつ誰にでも起こり得る地震や台風などの大規模な災害。電話回線を使わずにインターネットさえあれば家族や友だちと連絡をとれるLINEはそんな災害時に、大きく役立ちます。「LINE安否確認」などの大規模災害発生時に提供される独自機能はもちろん、もともと備わっている機能を活用するだけでいざというときに大切な人との連絡をスムーズに行うことができるのです。本ページではその活用方法の一部を紹介していきます。

安否を知る・知らせる

震度6以上の地震など大規模な災害が発生すると、LINEのホームタブに「LINE安否確認」が表示されます。これをタップすることで友だちや家族に自分の安否を知らせたり、逆に安否の確認をしたりすることができます。

防災速報をLINEでチェック

「LINEスマート通知」の公式アカウントは有効です。自分の住む地域などを登録することでその地域の災害情報をLINEトークで受け取ることが出来ます。地域は最大3地点まで登録可能です。

写真や位置情報で情報共有

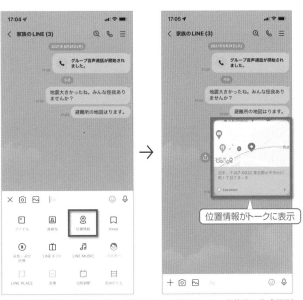

位置情報がトークに表示

災害は家族が同じ場所にいるときに起こるとは限りません。具体的な集合場所や実際の周りの情報など、位置情報や写真をトークで送信することで情報の共有に役立てましょう。

重要なメッセージをアナウンス

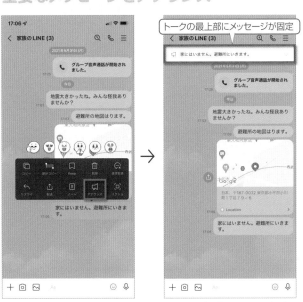

トークの最上部にメッセージが固定

「トーク」内で、真っ先に知らせたい重要なメッセージは「アナウンス」機能を使って目立つように表示しましょう。避難場所や非常時の荷物、食料の位置など重要情報の共有には最適です。

P A R T

2

LINEトーク
&スタンプ

LINEでの「トーク」は、このアプリの中で、
もっとも頻繁に使う機能といえます。LINEには、
友だちと快適に楽しくトークできるようにさまざまな便利機能や、
トークが楽しくなる「スタンプ」が備わっています。
あせらずじっくりと理解していきましょう。

これならわかる!
超初心者の
LINE 入門
LINE First Experience Perfect Guide

PART **2** で学ぶこと

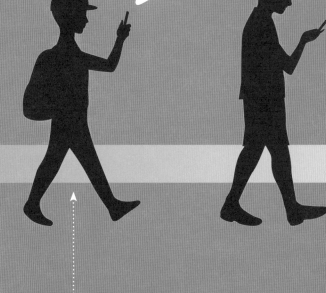

なかなか聞けない
基本中の基本!

トークの
基本操作を学ぶ

　LINEのメイン機能ともいえるトークの送信、受信を丁寧に解説します。手軽で、とても簡単にメッセージのやりとりができるトークをするのに必要な知識をマスターしておきましょう。受信したメッセージへの返信についても、少しあとのページで詳しく解説しているので合わせてチェックしてください。

44〜49
ページ

38〜43
ページ

楽しいトークの
ためには必須!

トークで
スタンプを使う

　LINEトークを楽しくするスタンプ。その使い方や、スタンプショップを使って入手する方法などを解説します。無料スタンプだけでも充分楽しめますが、有料スタンプの場合のショップのコインのチャージ方法もじっくりと解説しています。新しく使えるようになったばかりのスタンプを合成して送信する方法もご紹介。

グループで
トークを楽しむ

トークを複数の友だちとのグループで行う方法をご紹介。打ち合わせや雑談などさまざまなケースで利用できる上に、グループの作り方をマスターすれば、次の章で紹介するグループでの通話も行うことができます。メンバーの追加方法やグループからの退会方法など細かいテクニックも併せて解説しています。

複数の友だちと
同時にトーク！

56〜59
ページ

60〜63
ページ

LINEを使いやすく
カスタマイズ！

トークを
快適にする設定

画面の文字サイズの変更、トーク履歴の並び替え、見た目の変更、トークをバックアップする方法など、トークにまつわる知っておきたい設定を紹介します。トークの送受信に直接かかわる部分ではありませんが、自分好みに使いやすくするためにぜひとも押さえておきたい部分をピックアップしました。

LINEトークで メッセージを送る

　「トーク」は「トークルーム」と呼ばれる場所で行います。トークルームはメインメニュー「ホーム」から友だちを選ぶと作成できます。トークルームを作成すると友だちとトーク（メッセージ）のやり取りができるようになります。LINEのメイン機能でもある「トーク」はLINE操作の基本となるので、まずはトークにおけるメッセージのやり取りをしっかり覚えておきましょう。

「トークルーム」の画面構成を覚えよう

　トークに関する操作のほとんどはトークルームで行います。トークルームでは、自分が送信したメッセージは画面右側に緑の吹き出し、相手から送信されたメッセージは画面左側に白の吹き出しで表示されます。操作メニューはトークルーム画面の上下にそれぞれ配置され、初心者でも直感的に操作できるようアイコンで表示されています。アイコンをタップすると各操作メニューが表示され各操作を行うことができます。また、iPhone版LINEとAndroid版LINEの画面に違いはほとんどないので、どちらのユーザーでも端末に関係なく操作できます。

❶戻る
「トーク履歴」画面に戻ります。画面を右フリックしても「トーク履歴」画面に戻ります。

❷トーク相手
トークの相手の名前が表示されます。

❸検索
キーワードを入力してトークを検索します。

❹無料通話／ビデオ通話
トーク画面から通話できます。

❺設定メニュー
通知のオン・オフやブロックなどの各種設定のほか、トークルームでやり取りした写真の一覧表示なども行えます。

❻メイン画面
画像や動画の送信、連絡先や位置情報など、自分と相手とのトークのやり取りが表示されます。自分のトークは画面右側に緑の吹き出し、相手からのトークは画面左側に白の吹き出しで表示されます。

❼トークメニュー
画像や動画の送信、連絡先や位置情報など、メッセージの送信以外のサブメニューが表示されます。

❽カメラ
端末の内蔵カメラが起動して、リアルタイムで撮影して送信できます。

❾画像／動画
端末に保存されている画像／動画の一覧が表示され、画像／動画を選んで送信できます。

❿メッセージ入力欄
ソフトウェアキーボードが表示され、メッセージ入力を行えます。送信できる最大文字数は1万文字です。

⓫スタンプ／絵文字
スタンプや絵文字、顔文字などの一覧が表示されます。初期状態では、4種類のスタンプが用意されています。

⓬マイク
音声メッセージを録音して友だちに送信できます。

友だちを選んでトークを始める

　LINEに登録した友だちと初めてトークを行う場合は、友だちのホーム画面から「トーク」をタップします。一度でも相手とメッセージの送受信を行っていれば、「トーク」画面に履歴として「トークルーム」が残ります。次回以降はトークルームを開き、トークを行うことが可能です。トークの基本は文字によるメッセージのやり取りです。メッセージを入力して送信すると画面上に吹き出しの形でメッセージが表示されます。友だちがメッセージを確認したかは「既読」マークにより判断することができます。友だちがメッセージを確認すると吹き出しに「既読」マークが付きます。

1 トークする友だちを選択してタップする

メインメニュー「ホーム」をタップして友だちリストを表示します。トークする友だちを友だちリストから選んでタップします。

2 プロフィール画面の「トーク」をタップ

手順1で選んだ友だちのプロフィール画面が表示されるので、「トーク」をタップすると「トークルーム」が作成されます。

3 トークルームでメッセージを送信

テキスト入力欄をタップするとキーボードが表示されるので、メッセージを入力して「送信」をタップします。

4 送信したメッセージがトークルームに表示

送信したメッセージは緑色の吹き出しで表示。相手が読むと「既読」が付く。

トークルームに送信したメッセージが画面右側に緑色の吹き出しで表示されます。相手が確認すると「既読」が付きます。

POINT

増えてきた友だちを探してトークをするには?

　LINEも長い間利用していると友だちリストに登録された友だちの数が増え、久しぶりに連絡をとるときに探すのが大変になってきます。そんなときは検索を使って手早く探しましょう。検索は実際に友だちリストに登録された名前でヒットしますので、日ごろから自分でわかりやすい名前に変更をしておくことが重要です。名前の変更に関しては26ページを参照ください。

友だちの名前を入力

LINEの利用を続けると友だちが増え、探しづらくなりますが、検索を使えば簡単に探すことができます。

POINT

「改行」か「送信」か使いやすい方を選ぼう

　LINEで実際に文字入力を行うキーボード……初期状態では「改行」となっていますが、これは「送信」に変更することが可能です。方法は「ホーム」→「設定」→「トーク」の順にタップし、「改行キーで送信」をオンにするだけ。使い勝手の問題なので、自分にあったものを選択しましょう。

iOS版LINEの文字入力の基本操作

iPhone／iPadのテンキーキーボード

❶トークメニュー表示
画像やカメラなどトークメニューが表示されます。

❷入力欄
入力した文字が表示されます。

❸スタンプ／絵文字
トークに使えるスタンプや絵文字の一覧が表示されます。

❹送信
入力欄に表示された文字を送信します。

❺予測変換
入力した文字の予測変換候補が表示されます。

❻文字送り
「ああ」など同じ文字を重ねて入力する際に1文字送ります。

❼キーボード
キーボードの入力するキーを複数回タップするか、入力するキーをロングタップして入力する文字がある方向へフリックすると入力できます。

❽×（1字消す）
入力した文字を1文字消します。

❾逆順
「う→い→あ」というように入力した文字を逆順で表示できます。

❿空白
1字分スペースを入力できます。

⓫文字入力切り替え
「かな入力から数字入力」などキーボードの入力表示を切り替えることができます。

⓬改行
入力欄で次の段落へ改行できます。

⓭キーボード切り替え
「テンキーキーボードからPCキーボード」などキーボードの種類を切り替えることができます。

⓮音声入力
音声入力できます。

トグル入力で文字を入力

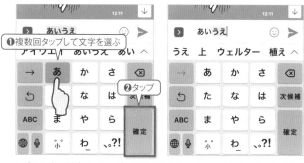

トグル入力の場合は、キーボードの入力するキーを複数回タップ（例えば「い」なら「あ」を2回タップ）して入力する文字を決定、「確定」をタップして入力完了です。

フリック入力で文字を入力

フリック入力の場合は、入力するキーを長押しすると入力の方向キーが表示されるので、入力する文字がある方向へフリックして決定、「確定」をタップして入力完了です。

入力する文字に濁点を付ける

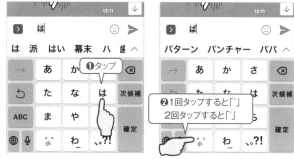

濁点が必要な文字を入力後に「濁点」キーを1回タップすると「゛」、2回タップすると「゜」が付きます。

入力した文字を消す

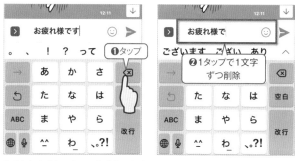

入力した文字もしくは入力途中の文字を消す場合は「×」をタップすると入力した文字が一字消えます。消したい文字数分だけ「×」をタップします。

直接変換

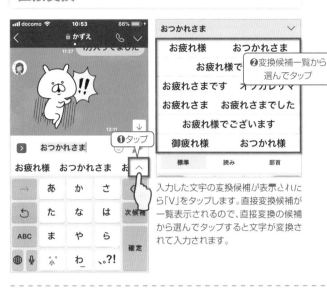

❷変換候補一覧から選んでタップ

❶タップ

入力した文字の変換候補が表示されたら「∨」をタップします。直接変換候補が一覧表示されるので、直接変換の候補から選んでタップすると文字が変換されて入力されます。

予測変換

❷選んだ候補が入力される

❶左右にスワイプして変換候補を選んでタップ

入力した文字の変換候補が表示されたら「予測」タブをタップします。予測変換の候補から選んでタップすると予測変換されて入力されます。「∨」をタップすると予測変換候補が一覧表示されます。

アルファベットを入力する

1回タップ

半角スペース入力

「文字入力切替」を1回タップすると入力モードがアルファベットに切り替わります。「空白」キーで半角スペース、「a/A」キーで大文字小文字の切り替えができます。

数字を入力する

2回タップ

「」や[ ]など入力

「/」や「-」など入力

「文字入力切替」を2回タップすると入力モードが数字に切り替わります。「0」キーの左のキーで「」や[ ]、右のキーで「／」や「−」などの記号が入力されます。

顔文字を入力する

❶タップ

❷顔文字を選んでタップ

「顔文字」キーをタップすると顔文字の予測変換が表示されます。予測変換の「∨」をタップすると顔文字の一覧が表示されるので、入力する顔文字を選んでタップします。

絵文字を入力する

❶1回タップ

❷絵文字を選んでタップ

❸タップして戻る

「キーボード切り替え」を1回タップすると絵文字の一覧が表示されるので、入力する絵文字を選んでタップします。絵文字入力後、「キーボード切り替え」をタップするとキーボードが元に戻ります（QWERTY配列キーボードになる場合もあります）。

Android版LINEの文字入力の基本操作

Androidスマホ／タブレットのテンキーキーボード

❶トークメニュー
LINEトーク作成に関するメニューが表示されます。

❷スタンプ／絵文字
トークに使えるスタンプや絵文字の一覧が表示されます。

❸入力欄
入力した文字が表示されます。

❹送信
入力欄に表示された文字を送信します。

❺予測変換
入力した文字の予測変換候補が表示されます。

❻ツール
キーボードツールバーの表示／非表示を切り替えます。

❼キーボード
キーボードの入力するキーを複数回タップするか、入力するキーをロングタップして入力する文字がある方向へフリックすると入力できます。

❽×（1字消す）
入力した文字を1文字消します。

❾←（1字戻る）
入力した文字の1字前に戻ります。

❿→（1字進む）
入力した文字の1字先に進みます。

⓫記号／顔文字／絵文字
記号／顔文字／絵文字の入力候補が表示されます。

⓬空白
1字分スペースを入力できます。

⓭文字入力切り替え
「かな入力から数字入力」などキーボードの入力表示を切り替えることができます。

⓮改行
入力欄で次の段落へ改行できます。

トグル入力で文字を入力する

トグル入力の場合は、キーボードの入力するキーを複数回タップ（例えば「い」なら「あ」を2回タップ）して入力する文字を決定、「確定」をタップして入力完了です。

フリック入力で文字を入力する

フリック入力の場合は、入力するキーを長押しすると入力の方向キーが表示されるので、入力する文字がある方向へフリックして決定、「確定」をタップして入力完了です。

入力する文字に濁点を付ける

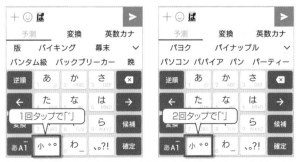

トグル入力の場合は、濁点が必要な文字を入力後に「濁点」キーを1回タップすると「゛」、2回タップすると「゜」が付きます。

フリック入力で濁点を付ける

フリック入力の場合は、濁点が必要な文字を入力後に「濁点」キーを長押しして、右へフリックで「゛」、左にフリックで「゜」が付きます。

入力した文字を消す

入力した文字もしくは入力途中の文字を消す場合は「×」をタップすると入力した文字が一字消えます。消したい文字数分だけ「×」をタップします。

記号／顔文字／絵文字を入力する

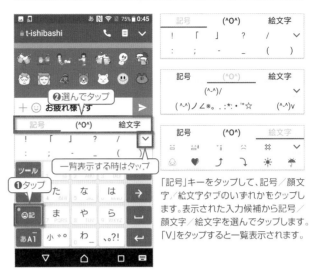

「記号」キーをタップして、記号／顔文字／絵文字タブのいずれかをタップします。表示された入力候補から記号／顔文字／絵文字を選んでタップします。「V」をタップすると一覧表示されます。

直接変換で文字を変換する

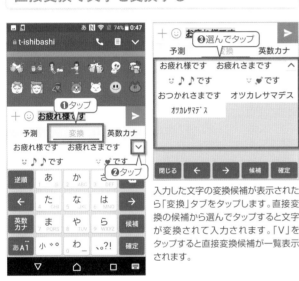

入力した文字の変換候補が表示されたら「変換」タブをタップします。直接変換の候補から選んでタップすると文字が変換されて入力されます。「V」をタップすると直接変換候補が一覧表示されます。

予測変換で文字を変換する

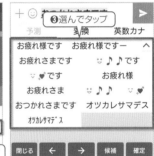
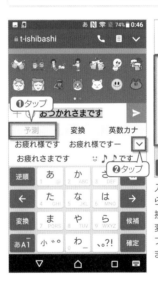

入力した文字の変換候補が表示されたら「予測」タブをタップします。予測変換の候補から選んでタップすると予測変換されて入力されます。「V」をタップすると予測変換候補が一覧表示されます。

アルファベットを入力する

「文字入力切替」を1回タップすると入力モードがアルファベットに切り替わります。「スペース」キーで半角スペース、「1」キーでハイフンなどの記号が入力されます。

数字を入力する

「文字入力切替」を2回タップすると入力モードが数字に切り替わります。「0」キーの左のキーで「:」や「／」、右のキーで「¥」や「#」などの記号が入力されます。

LINEトークで「スタンプ」を送る

「スタンプ」は、トーク機能の魅力を引き出す特徴のひとつで、LINEトークを象徴する機能です。ユニークなイラストやキャラクターのスタンプは、文章や絵文字では伝えきれない機微なニュアンスもひと目で伝えることができます。また、手軽に送信することができるのも魅力のひとつです。文章を書くのが苦手な人にオススメの機能です。

「スタンプ」の基本的な使い方をマスターする

1 テキスト入力欄の「顔」をタップ

タップ

トークルームのテキスト入力欄にある「顔」アイコンをタップするとスタンプの選択画面が表示されます。

2 スタンプを一覧から選ぶ

❶キャラクターを選ぶ

❷送信するスタンプをタップ

画面下部からキャラクターを選び、利用したいスタンプをタップするとプレビューが表示されます。

3 選んだスタンプを友だちに送信する

タップ

友だちに送信するスタンプが決まったら「送信」をタップするとスタンプは送信されます。

4 トークルームにスタンプが表示

送信したスタンプが表示

トークルームに送信したスタンプが表示されます。さまざまな種類のスタンプがあるので、いろいろと試してみましょう。

P OINT

LINE独自の絵文字を利用する

スタンプに近い用途で使えるものに絵文字があります。通常のスマートフォンなどにも搭載されており、メールで利用している方も多いとは思いますが、LINEの絵文字は豊富な種類が用意されており、どれを使えばいいか迷ってしまうほどです。絵文字は文章に埋め込んで利用できるのでスタンプと併せて使っていきましょう。

1 テキスト入力欄横の「顔」をタップ

タップ

テキスト入力欄横の「顔」アイコンをタップすると、スタンプの選択画面が表示されます。

2 絵文字に切り替える

タップで切り替え

左側の顔アイコンがスタンプと絵文字の切り替えです。タップして切り替えましょう。

3 選んだ絵文字を友だちに送信する

❶絵文字の種類を選ぶ

❷送信する絵文字を選ぶ

友だちに送信する絵文字を探してタップ。本文中に入れて送信しましょう。

スタンプを組み合わせて送信する

　スタンプは複数のものを組み合わせて送ることができます。すべてのスタンプではなく、合成に対応したスタンプのみ利用可能で、最大6つのスタンプを重ねアレンジしてひとつのスタンプとして送信することができます。やり方は簡単。トーク画面で、スタンプを長押しし、その場で合成するだけ。気軽に利用してみましょう。

1 | 合成したいスタンプを長押しする

トーク画面で合成したいスタンプを長押しすると、プレビューに表示されます。

2 | 合成したいスタンプを長押し

選んだスタンプが表示される

合成したいスタンプを選んで長押し

手順1同様に合成したいスタンプも長押しして、プレビュー画面に移動します。

3 | 合成、加工して送信する

スタンプを選んで角度や大きさを調整

それぞれのスタンプは大きさや角度も修正可能。プレビューで調整をしましょう。

4 | 合成したスタンプを送信する

合成が終わったら通常のスタンプ同様に送信しましょう。作ったスタンプの保存はできません。

スタンプの予測候補を表示する「サジェスト機能」を無効化する

　LINEトークでは、入力したテキストの内容に対応して、スタンプの候補を自動的に予測して画面に表示する予測変換のような「サジェスト機能」が搭載されています。思いがけないスタンプや絵文字を発見できる一方で、「有料スタンプが表示され広告のようだ」「いちいち画面に表示されるのがわずらわしい」と感じるユーザーも少なくないようです。「サジェスト機能」が不要なユーザーは、LINEの「設定」画面から「トーク・通話」を開き、「サジェスト表示」をタップして、サジェスト機能を無効に設定しましょう。

1 | スタンプや絵文字の予測候補が表示

初期状態ではサジェスト機能が反映

初期設定のままだとトークルームでテキスト入力を行うと、スタンプなどの予測候補が表示されます。

2 | 「サジェスト表示」をタップする

❶タップ
❷タップ
❸タップ

メインメニュー「ホーム」→「設定」→「トーク」→「サジェスト表示」を順番にタップします。

3 | 「サジェスト表示」をオフに設定する

オフに設定する

スライドボタンを操作してオフに設定すればサジェスト機能は無効化されます。

4 | テキスト入力しても予測候補が現れない

サジェスト機能が無効になる

サジェスト機能が無効になると、テキストを入力してもスタンプの予測候補は表示されなくなります。

スタンプショップを利用する

もっとLINEスタンプを使いたい、もっとLINEスタンプが欲しいと思ったら、スタンプショップでLINEスタンプを探してみましょう。有料スタンプはもちろん、無料のスタンプもスタンプショップから入手することになるので、課金はせずにLINEを利用しているという人もショップの利用方法は理解しておきましょう。

スタンプショップのアクセス方法

スタンプショップは直感的に操作できるシンプルな画面構成になっています。スタンプショップへのアクセスはメインメニュー「ホーム」から「スタンプ」アイコンをタップします。トーク画面から直接表示させることもできます。

1 「ホーム」をタップする

LINEのメインメニュー「ホーム」をタップします。

2 「スタンプ」をタップする

「ホーム」画面が表示されたら「スタンプ」をタップします。

3 スタンプショップが表示される

スタンプショップのトップ画面が表示されます。

4 トーク画面から直接表示する

スタンプショップはトーク画面のスタンプ一覧の「ショップ」アイコンをタップしてもアクセスできます。

スタンプショップの画面構成

❶検索ボックス
検索欄にキーワードを入力して、スタンプを検索できます。

❷「スタンプ」設定
設定画面が開きます。設定画面は、LINEの「設定」からも開くことができます。

❸ジャンルタブ
「人気」「新着」「イベント」「カテゴリー」などに表示を切り替えできます。

❹もっと見る
各ジャンルの詳細ページが表示されます。このページは、ジャンルタブからも開けます。

「人気」タブ

「新着」タブ

「無料」タブ

LINE専用通貨 LINEコインをチャージする

「LINEコイン」は、このあとで解説する有料スタンプの購入などに利用します。チャージするには、LINEの「設定」から「コイン」を選び、「チャージ」をタップしてチャージします。最小20コイン（60円）からチャージができ、iPhoneはAppStore経由、AndroidはPlayストア経由でチャージ代を支払います。

iPhone／iPadはApp Store経由、AndroidはPlayストアでチャージする

1 「ホーム」→「設定」を順番にタップする

メインメニュー「ホーム」→「設定」を順番にタップして、LINEの設定画面を開きます。

2 LINEの設定画面の「コイン」をタップ

LINEの設定画面の「コイン」をタップして、「コイン」画面を開きます。

3 「チャージ」をタップする

「コイン」画面の右上にある「チャージ」をタップします。

4 チャージする金額をタップ

チャージする金額を選んでタップします。620コイン以上のチャージからボーナスが付属されます。

5 iPhone／iPadはApp Storeでチャージ

iPhone／iPadはApp Store経由でLINEコインのチャージ金額を支払います。

6 AndroidはPlayストア

Androidスマホ／タブレットはPlayストア経由でLINEコインのチャージ金額を支払います。

POINT App StoreとPlayストアの支払いの設定方法の確認

App StoreやPlayストアなどのアプリストアの支払い方法の設定や確認はスマートフォンから行えます。iPhone／iPadは「設定」アプリを起動して、設定画面の「ユーザー名」→「支払いと配送先」を順番にタップします。AndroidはPlayストアを起動して、画面右上アカウントアイコン→「お支払いと定期購入」を順番にタップして、支払い方法を確認・設定します。

iPhone／iPadは「設定」アプリを起動して、「ユーザー名」→「支払いと配送先」→「お支払い方法を追加」を順番にタップします。

AndroidはPlayストアの画面右上アカウントアイコン→「お支払いと定期購入」を順番にタップします。

LINEトーク＆スタンプ

使えるスタンプの種類を増やす

　スタンプショップでは無料／有料の2種類のスタンプが配信されています。無料スタンプは企業アカウントを友だち追加するなど一定の条件をクリアすれば利用可能になるもので、有効期限付きで無料で使えるものです。有料スタンプは「LINEコイン」という仮想通貨をチャージして購入するもので購入した有料スタンプは無期限で使えます。

条件をクリアして無料スタンプをゲットする

> 無料なので気楽に
> ゲットできる！

1 「無料」をタップする

スタンプショップで「無料」タブをタップします。欲しいスタンプを見つけたらタップします。

2 入手条件をチェックする

このスタンプの入手条件の「友だち追加して無料ダウンロード」をタップします。

3 スタンプのダウンロードが完了

ダウンロードは数秒で完了します。ダウンロードが完了したら「OK」をタップします。

4 マイスタンプに追加される

「トーク」や「設定」のマイスタンプ一覧にダウンロードしたスタンプが追加されます。

スタンプショップから有料スタンプをダウンロードする

> クオリティの高いスタンプが多い！

1 スタンプショップで有料スタンプを探す

スタンプショップで「人気」や「新着」などの気になるタブを選んでタップします。

2 欲しいスタンプをタップする

購入に必要なコインが表示されているのが有料スタンプです。欲しいスタンプを見つけたらタップします。

3 「購入する」をタップする

購入に必要なコイン数やプレビューを確認して「購入する」をタップします。

4 「OK」をタップする

「OK」をタップすると購入が完了してスタンプのダウンロードが始まります。

マイスタンプで LINEスタンプを管理する

　LINEスタンプには魅力的なスタンプがたくさんありますが、ダウンロードしたスタンプの数が増えてくるといざ使いたいときに探すのが大変です。ダウンロードしたスタンプは「マイスタンプ」で管理することができます。期限切れの無料スタンプを削除したり、よく使うスタンプを並び替えたり、スタンプを整理してみましょう。

使わないスタンプを削除する

1 「設定」を タップする

メインメニュー「ホーム」を開いて「設定」アイコンをタップします。

2 マイスタンプ編集 画面を開く

設定画面の「スタンプ」→「マイスタンプ編集」を順番にタップします。

3 削除したい スタンプを選ぶ

マイスタンプ編集の画面が開くので、削除したいスタンプの左の「ー」アイコンをタップします。

4 スタンプを 削除する

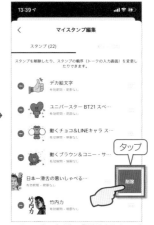

スタンプの右側の「削除」をタップします。ダウンロード済のスタンプはいつでも再表示可能です。

削除したスタンプを復活させる

1 マイスタンプ編集 画面を開く

メインメニュー「ホーム」→「設定」→「スタンプ」→「マイスタンプ」の順番にタップします。

2 スタンプを 再ダウンロード

マイスタンプの下部に削除したスタンプが並んでいます。右側のアイコンをタップすればスタンプが再ダウンロードされ復活します。

よく使うスタンプを並び替える

1 マイスタンプ編集 画面を開く

メインメニュー「ホーム」→「設定」→「スタンプ」→「マイスタンプ編集」の順番にタップをします。

2 スタンプを 並び替える

スタンプの右側の「三」をタップして上下に並び変えます。

LINEトークで画像や動画、位置情報などを送信する

LINEトークではメッセージだけではなく、端末に保存した写真や動画も送信できます。友だちと気軽に写真や動画のやりとりができるほか、端末のカメラ機能を利用して、その場で撮影した写真や動画をリアルタイムで友だちに送信できます。ただし、撮影できる動画の最長時間は5分で、5分1秒以降は自動的にカットされるので注意が必要です。

端末に保存された画像や動画を送信する

1 「画像/動画」をタップする

❶タップ
❷タップ

メッセージ入力欄の左側の「画像/動画」アイコンをタップして、送信する画像/動画をタップします。

2 画像を複数枚選んだ場合は…

6件選択中

選択順にナンバリングされる

複数の画像/動画を選んだ場合はナンバリング表示され、タップした順番で送信されます。

3 動画は送信前に編集できる

ミュート
トリミング
スタンプ
テキスト
ペイント
フィルター

❶加工する場合は各種アイコンをタップ

❷タップ

動画は送信前に編集することができます。編集する場合は各種アイコンをタップして編集しましょう。

4 「送信」をタップする

タップ

6件選択中

画像/動画をすべて選んだら「送信」をタップすると送信完了します。

スマホでその場で写真や動画を撮影して送信する

1 「カメラ」をタップする

タップ

メッセージ入力欄の左側にある「カメラ」アイコンをタップするとスマートフォンの内蔵カメラが起動します。

2 撮影モードを切り替える

タップしてカメラモードを切り替え

文字認識 写真 動画

カメラアプリの撮影モードを写真もしくは動画に切り替えて撮影を開始します。

3 撮影した写真や動画は編集できる

キャンセル タップ 完了

撮影した写真や動画は送信前に編集することができます。編集する場合は各種アイコンをタップします。編集が終わったら完了をタップします。

4 「送信」をタップする

モザイク・ぼかし
フィルター
文字認識

タップ

画像/動画の編集が完了したら「送信」をタップして送信完了です。

PART 2

自分の位置情報や、登録している連絡先を送信する

　LINEトークでは画像などのファイルのほかに、スマートフォンのGPS機能を使って位置情報や、スマートフォンやLINEに登録している連絡先も送信できます。自分の現在地をリアルタイムで友だちに知らせたり、LINEでつながっている友だちにほかのLINEの友だちを教えたりすることができるので覚えておくと大変便利な機能です。ただし、位置情報の送信はスマートフォンのGPS機能と連動しているので、スマートフォンの位置情報サービスがオフになっていると利用できません。位置情報サービスは事前に設定を確認して、オンにしておきましょう。

1 入力欄の左側の「＋」をタップ

メッセージ入力欄の左側の「＋」をタップします。メニューが開いたら「位置情報」をタップしましょう。

2 マップから位置情報を送信

地図アプリが起動して現在地が表示されるので「送信」をタップします。

3 連絡先の送信は「連絡先」をタップ

連絡先を送信する場合は「連絡先」をタップします。LINEの連絡先かスマホの連絡先を選んでタップして、連絡先の一覧から送信する連絡先を選んでタップします。送信できる連絡先は複数選択できるので、すべて選んだら「送信」をタップします。

スマートフォンに保存した写真／動画以外のファイルを送信する

　LINEトークではスマートフォンに保存した写真や動画以外のファイルも送信できます。送信できるファイルはPDFファイルからワードやエクセルなどのオフィスファイル、メモ帳などのテキストファイルまで端末に保存されているファイルであればさまざまなファイルを送信できます。ただし、iPhoneとAndroid端末で操作手順が違うので注意が必要です。ここではiPhoneでの操作手順を中心に解説します。

1 入力欄の左側の「＋」をタップ

メッセージ入力欄の左側の「＋」→「ファイル」を順番にタップします。

2 iPhoneは保存先フォルダから、Androidは一覧から送信するファイル選ぶ

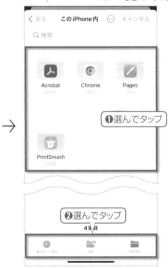

iPhoneは送信するファイルが保存されている保存先を一覧から選んでタップします。Androidは保存されているファイルの一覧が表示されるので、送信するファイルを選んでアップします。

3 送信するファイルを選んでタップする

送信するファイルを選んでタップして「送信」をタップします。

LINEの通知設定を変更する

　通知設定を変更すれば、受信したトークを見逃さずチェックできます。通知設定には、スマートフォン本体の設定とLINEの設定があるので、このふたつの設定を組み合わせて自分の使用環境に合った「通知」にカスタムすることが可能です。設定の働きを理解して、自分用の「通知」を設定してみましょう。

iPhone／iPadの通知設定を変更する

1 LINEアプリの通知設定を変更

まずはLINEアプリの設定を確認しましょう。LINEアプリの「ホーム」→「設定」→「通知」の順にタップをします。

2 「通知」をオンにする

通知が「オン」になっていることを確認します。これで端末の設定に応じてLINEの通知が届きます。

3 端末の設定画面を開く

iPhone本体の「設定」→「通知」→「LINE」の順にタップをし、LINEの通知設定画面を開きます。

4 端末の通知設定を行う

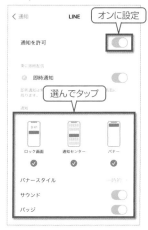

「通知を許可」をオンにして、通知欄で好みの通知方法を選んでオンに設定をしましょう。

Androidの通知設定を変更する

Androidなら細かく設定できる！

1 LINEアプリの通知設定を変更

まずはLINEアプリの設定を確認しましょう。LINEアプリの「ホーム」→「設定」→「通知」の順にタップをします。

2 「通知」をオンにする

通知が「オン」になっていることを確認します。ポップアップ通知を利用する場合は、「メッセージ通知」をタップして「ポップアップ」をオンにします。

3 端末の設定からLINE情報を開く

Android本体の「設定」→「アプリと通知」→「LINE」の順にタップをし、LINEのアプリ情報画面を開きます。

4 LINEの通知を設定する

アプリ情報画面が開いたら「通知」をタップ。通知したい項目にチェックを入れれば設定完了です。

特定のトークルームからの通知を停止する

通知が多すぎるときは設定すると楽になる!

　大人数が参加しているグループトークや公式アカウントから頻繁に通知が届いたとき、使用環境やタイミングによってはそれらの通知がわずらわしく感じることもあるかと思います。そんなときは特定のトークルームからの通知を一時停止してみましょう。「ブロック」と異なり、通知のみが停止されるのでメッセージの送受信は問題なく行え

ます。また、LINEのアイコンバッジやトーク履歴に未読があることを示す数字も表示されます。通知を停止しているトークルームには消音されたスピーカーのようなアイコンが付くので解除を忘れることもありません。

1 通知を停止したいトークルームを開く

通知をオフにしたい友だちをタップ

メインメニューの「トーク」をタップして、トーク履歴画面を表示。通知を停止するトークルームを開きます。

2 トークルーム右上から設定メニューを表示

タップ

トークルームを表示したら、画面右上のアイコンをタップして、「設定メニュー」を表示します。

3 メニュー内の「通知オフ」をタップ

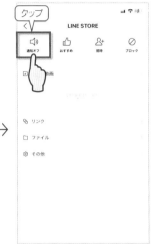

タップ

表示された設定メニューの「通知オフ」をタップすると、このトークルームからの通知は停止されます。

4 トークルームの通知がオフになる

オフになるとマークが表示される

通知をオンにするときはもう一度タップ

通知がオフのときはトークルーム名の横にアイコンが表示されます。解除は「通知オン」をタップします。

通知サウンドを自分が気付きやすい音に変更する

　LINEの着信音、いわゆるメッセージなどを受信した際の通知サウンドは変更することができます。初期設定のままで使っていると、他人と同じ通知サウンドとなっている可能性も大いにあります。また、人によって音質の高低による聞こえやすい音、聞こえにくい音も異なっ

ています。自分が気づきやすい通知サウンドに変更してみましょう。LINEの通知サウンドはデフォルトで設定されているサウンドを含めて、全14種類が用意されています。使用環境や使用状況に合わせて通知音を変更してみましょう。

1 「ホーム」から「設定」をタップ

❷タップ

❶タップ

メインメニューの「ホーム」から「設定」を選択してタップします。LINEの設定画面を表示します。

2 「設定」画面内から「通知」をタップする

タップ

表示された「設定」画面から「通知」を選んでタップ。「通知」の設定画面を表示します。

3 「通知サウンド」をタップする

タップ

画面上部の「通知」がオンになっていることを確認して、「通知サウンド」の項目をタップしてサウンドを表示します。

4 通知サウンドをリストから選択する

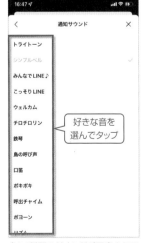

好きな音を選んでタップ

全14種類のサウンドが用意されています。タップするとサンプル音を聞くことが可能です。好きなサウンドに設定しましょう。

LINEトーク&スタンプ

53

重要!!

受信したLINEトークに返信する

LINEトークはテキストのほかにもスタンプや写真などを受信できます。LINEで受信したトークは、このページで紹介する各種方法で素早く確認することが可能です。受信したトークをトークルームで確認すると送信相手に「既読」が付きます。また、受信したメッセージを転送したり、写真を保存することなどができます。

LINEトークを受信したときの通知パターン

1 **LINEアイコンに未読数バッチが付く**

未読数が数字で表示

受信したトークの未読数がLINEアイコン右上に数字で表示されます。トークの受信を確認できると同時に未読数を把握することもできます。

2 **「トーク履歴」に未読数バッチが付く**

メインメニュー「トーク」アイコンと未読のトーク履歴にバッチが付く

メインメニュー「トーク」では、受信した未読トーク数を確認できます。メインメニューの「トーク」アイコンには未読総数が表示されます。

3 **ホーム画面で通知を受け取る**

LINEの通知設定によってはホーム画面で受信したトークを「通知」として確認できます。

4 **ロック画面で通知を受け取る**

LINEの通知設定によってはロック画面でも受信したトークを「通知」として確認できます。

「トーク履歴」の画面構成

❶並べ替え
トーク履歴の並び順を変更できます。タップして「受信時間」「未読メッセージ」「お気に入り」から順番に並び替えたいものをタップしましょう。

❷編集
削除や非表示など、トークリストの編集を行うことができます。Android版では並び替えもこのボタンから行います。

❸オープンチャット作成
「オープンチャット」を作成することができます。オープンチャットは、友だち以外ともトークや情報交換ができる機能です。71ページで解説しています。

❹トークルーム作成
「トーク」「グループ」「オープンチャット」を選択して新規でトークルームを作成します。

❺検索
キーワードを入力して、友だちやトーク内のメッセージを検索することができます。

❻QRコードリーダー
QRコードリーダーが起動します。

❼未読数バッジ
トークルーム内に未読メッセージがある場合、未読数が表示されます。

受信したトークを確認する

1 LINEアイコンをタップする

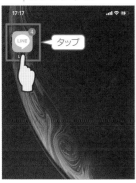

LINEトークを受信すると未読数がLINEアイコン右上に数字で表示されるので、LINEアイコンをタップしてLINEを起動します。

2 バッジが付いた履歴をタップ

メインメニュー「トーク」をタップして、未読数バッジが付いているトーク履歴をタップします。

3 メッセージを確認する

受信したメッセージを確認します。あとは通常のLINEトークと同じようにメッセージを入力して返信します。

4 トーク履歴のバッジが消える

受信したトークを確認すると、「トーク」アイコンの未読数が減り、トーク履歴のバッジが消えます。

iPhone／iPadのバナー通知から返信する

1 バナー通知を下へスワイプ

ホーム画面の上部やロック画面に表示されたLINEのバナー通知を下へスワイプします。

2 操作メニューの「返信」をタップ

バナー通知の操作メニューが表示されるので、「返信」をタップします。

3 メッセージを入力して送信する

メッセージを入力して「送信」をタップすると返信メッセージの送信が完了します。

4 返信しないでトークを確認する

バナー通知をタップするとトークルームが直接開きます。

Androidスマホ／タブレットのポップアップ通知から返信する

1 ポップアップの「返信」をタップ

ホーム画面の上部やロック画面に表示されたLINEのポップアップ通知の「返信」をタップします。

2 返信メッセージを入力する

メッセージが入力できるようになるので、メッセージ入力欄に返信メッセージを入力します。

3 「>」をタップして送信完了

返信メッセージの入力が終わったら、「>」をタップするとメッセージは送信されます。

4 返信しないでトークを確認する

ポップアップ通知をタップするとトークルームが直接開きます。

友だちとグループを作ってLINEトークしよう!

複数の友だちと グループトークする

　　LINEでは複数の友だちとグループを作成してトークする「グループトーク」という機能もあります。グループトークでは、複数人でチャットのほか、無料通話したり、写真や動画などを共有できたりします。複数の友だちと旅行の計画を立てたり、飲み会のセッティングをしたりする際に利用すると便利な機能です。

PART **2**

グループを作成して友だちを「グループトーク」に招待する

1 「グループ作成」 をタップする

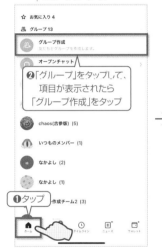

メインメニューの「ホーム」をタップします。ホーム画面が表示されたら「グループ」→「グループ作成」をタップします。

2 グループに招待する 友だちにチェック

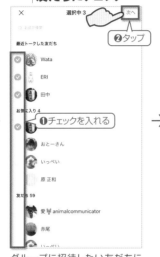

グループに招待したい友だちにチェックを付けます。選択が終わったら「次へ」をタップします。

3 グループアイコンをタップして グループアイコンを設定する

グループ作成画面のグループアイコンをタップして、アイコン一覧からグループアイコンを選んでタップします。「写真を撮る」をタップすると撮影画像、「アルバム」をタップすると保存画像からグループアイコンを設定できます。

4 グループトークの グループ名を入力

テキスト入力欄をタップして、グループトークのグループ名を入力します。

5 参加メンバーを 追加する

グループ作成画面の「+」をタップするとグループの友だちを追加することができます。

6 「作成」をタップして グループを作成する

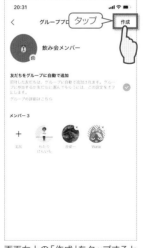

画面右上の「作成」をタップするとグループが作成されます。

ここがポイント

作成と同時に メンバーに追 加できる

「友だちをグループに自動で追加」にチェックを入れたままでグループを作成すると、メンバーは「参加」「不参加」の意思を表明することなく、いきなりグループのメンバーに登録されます。あらかじめ許可のとれている仲の良いグループを作成する場合はチェックを入れておきましょう。

グループトークで複数の友だちとトークしてみよう

作成したグループに招待した友だちが参加したら、グループトークの開始です。グループトークのトークルームでは、メンバーの参加やプロフィール画像の変更などの行動がアナウンスされる以外は通常のトークと同様にメッセージやスタンプ、写真、動画の送受信が行え

ます。グループ参加メンバーは全員、グループに対しての管理権限を有しているので、メンバーなら新しい友だちの招待や強制退会を行うことができます。

1 グループトークを開始する

❶タップ ❷グループを選んでタップ

「ホーム」→「グループ」をタップしてリストの中からトークをしたいグループを選んでタップします。

2 トークルームを開く

タップ

初回は「トーク」をタップします。あとは通常のトークと同様に操作しましょう。

3 グループでの変更はトークに表示される

メンバーの動向が表示される

メンバーの参加や退会などの変更情報は、トークルーム内に半透明のメッセージで通知されます。

4 グループへの参加メンバーを確認

❶タップ

❷参加メンバーが表示される

画面上部のトークルーム名をタップすると、現在グループに参加しているメンバーを確認できます。

グループのメンバーと「グループ通話」を行う

グループトークでは、グループに参加している複数のメンバーで「グループ音声通話」を行うことができます。最大500人のメンバーと同時通話が可能です。トークルームで「グループ音声通話」を実行すると、メンバーには通知が届き、トークに「グループ音声通話」参加

リンクが表示されます。この際、通常の無料通話のように呼び出し画面は現れず、呼び出し音も鳴りません。また、トークに表示される参加リンクのメッセージには既読マークが付きません。グループ通話参加後の基本的な操作は「無料通話」と同じです。

1 グループトークを開始する

タップ

「ホーム」→「グループ」をタップしてリストの中からトークをしたいグループを選んでタップします。

2 「電話」アイコンから「音声通話」を選択

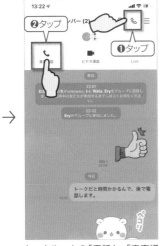

❷タップ ❶タップ

トークルームの「電話」→「音声通話」を順番にタップします。トークルームに「グループ音声通話」のリンクが送信されます。

3 「グループ音声通話」のリンクから通話に参加

タップ

受信した側は表示されたメッセージの「参加」をタップすることで「グループ音声通話」に参加できます。

4 複数のメンバーと同時通話が可能

通話に参加しているメンバーが表示される

複数メンバーと同時通話が可能です。基本的な操作は「無料通話」と同じです。

グループに新しいメンバーを追加する

グループトークに新しいメンバーを追加したい場合は、友だちをグループに招待します。友だちの招待は、グループに参加しているメンバーなら誰でも行うことが可能です。トーク画面の右上から「設定メニュー」を開き、「招待」をタップして表示される画面からグループへの招待を行います。

1 「招待」を
タップする

グループのトークルーム内から「設定メニュー」を開き、「招待」をタップします。

2 招待したい友だちに
チェックを付ける

グループに招待したい友だちにチェックを付けます。選択が終わったら、画面右上の「招待」をタップします。

メンバーをグループから退会させる

グループトークでは自分がグループから退会するだけでなく、参加しているメンバーを強制的に退会させることも可能です。強制退会はグループに参加しているメンバーなら誰でも行うことができます。あまり推奨はできませんが、トラブル解決の手段のひとつとして覚えておきましょう。

1 「メンバー」を
タップする

グループのトークルームから「設定メニュー」を開き、「メンバー」をタップすると参加しているメンバーが表示されます。

2 「編集」を
タップする

画面右上の「編集」をタップします。退会させたいメンバーの左にある「ー」をタップして「削除」で強制退会させることができます。

グループ名やプロフィール画像を変更する

作成したグループの名前やアイコンとなるプロフィール画像は好きな時に変更できます。また、「グループトーク」では、参加しているメンバー全員がいわゆる「管理権限」をもち、グループの編集や各種変更を行うことが可能です。登録しているグループ数が増えても判別しやすいように、初期の段階でしっかり設定しておくことがおすすめです。参加している友だちが変更後も混乱しないような名称が望ましいでしょう。

1 トークルームを開き
「設定」をタップする

グループのトークルーム内から「設定メニュー」を開き、「その他」をタップすることでグループの編集ができます。

2 プロフィール画像を
変更する

アイコンとなっている画像をタップして、表示された「カメラで撮影」「プロフィール画像を選択」を選んで画像を設定しましょう。

3 グループの名前を
変更する

グループ名をタップして、新しい名前をテキスト入力欄に入力して「保存」をタップすると名称が変更されます。

4 トークやメンバー
に影響なし

プロフィール画像やグループ名を変更しても、トークルーム内のトークや招待したメンバーに影響はありません。

グループで「ノート」を共有する

グループトークで情報をやりとりしていると、大切な連絡がいつの間にか埋もれてしまうことがあります。そんなときに「ノート」機能を活用することで、大切な情報をグループ内で共有することができます。

ノートで共有できるのは、テキストやスタンプ、画像、URLリンク、位置情報、音楽などになります。グループ内での重要な情報はノートに保存しておきましょう。

1 グループトークの設定を開く

「ノート」を作成するグループトークの「三」をタップして設定画面を開きます。

2 「ノート」をタップする

グループトークの設定画面の「ノート」をタップします。

3 「ノートを作成」をタップする

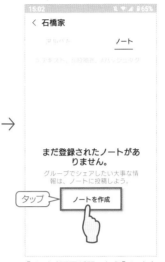

「ノート」画面が開いたら「ノートを作成」をタップしてノートの作成画面を開きます。

4 内容を入力して「投稿」をタップ

テキストやスタンプ、画像、動画など共有したい内容を入力して「投稿」をタップするとノートの作成は完了です。

グループでイベントを設定する

「イベント」機能とはグループ内で予定をカレンダー登録できる機能です。イベントの日時を設定して、予定の期日に近づくと通知することができます。また、設定したイベントへの参加可否を確認できる項目もあるので、グループ内で参加者の確認や、複数日程のイベントの日程調整などもできます。

1 「＋」をタップして作成画面を開く

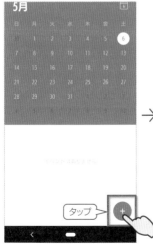

イベントを設定するグループトークの「三」→「イベント」→「＋」を順番にタップしてイベント作成画面を開きます。

2 「完了」をタップしてイベントを作成

イベント内容を入力して「完了」をタップするとイベントの作成は完了します。

グループで「アルバム」を共有する

LINEトークに送信した写真は、一定期間が過ぎると閲覧・保存ができなくなりますが、「アルバム」機能を利用して写真を共有すると無制限で閲覧・保存ができるようになります。グループ内での写真のやりとりや共有したい写真があったときなどは「アルバム」機能を利用してグループ内で共有しましょう。

1 「アルバム作成」をタップする

イベントを設定するグループトークの「三」→「アルバム」→「アルバム作成」を順番にタップしてアルバム作成画面を開きます。

2 写真を選んで「作成」をタップ

アルバムで共有する写真をすべて選んで「作成」をタップするとアルバムの作成は完了です。

4種類の文字サイズに変更可能!

トークルームの
文字サイズを変更する

LINEの画面表示の文字が小さくて読みづらい、または、もう少し文字を小さくしたい場合は、画面表示の文字サイズを読みやすいサイズに変更しましょう。LINEの画面表示の文字サイズは、メインメニューの「その他」から「設定」を選び、「トーク」内の「フォントサイズ」から設定可能です。

1 「トーク」をタップする

メインメニューの「ホーム」から「設定」を開いたら、「トーク」をタップして表示します。

2 「フォントサイズ」をタップする

「トーク」設定の画面から「フォントサイズ」の項目をタップします。

3 読みやすいサイズの文字を選択する

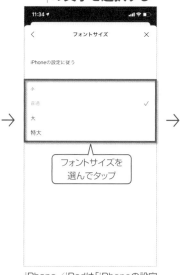

iPhone／iPadは「iPhoneの設定に従う」をオフにして、文字サイズを選択します。Androidは4種類の文字サイズから選択します。

4 トークルームで文字サイズを確認

設定した文字サイズをトークルームで確認します。何度か確認して、自分が一番読みやすいサイズの文字を選択しましょう。

5 設定できるフォントサイズは「小」「普通」「大」「特大」の4種類

フォントサイズ「小」

フォントサイズ「普通」

フォントサイズ「大」

フォントサイズ「特大」

設定可能な文字サイズは「小」、「普通」、「大」、「特大」の4種類です。それぞれの文字サイズを設定して比較してみましょう。

LINEトークの
トーク履歴を並び替える

　LINEのトーク履歴は初期状態では、メッセージを送受信した順に並んでいます。トーク履歴は「受信時間」「未読メッセージ」「お気に入り」のいずれかに設定することで並び替えができます。「未読メッセージ」に設定すると未読メッセージがトーク履歴の一番上に表示されるようになります。

1 ｜「受信時間」に設定されている

トーク履歴の並び順は初期設定では「受信時間」に設定されています。送受信した順に上からトーク履歴が表示されます。

2 ｜ iPhone／iPadは「▼」をタップ
　 Androidスマホ／タブレットは「…」をタップ

iPhone／iPadは「トーク」という表記の下の「▼」をタップします。Androidスマホ／タブレットは「…」→「トークを並べ替える」を順番にタップします。

3 ｜ 並び替えのパターンを選ぶ

「受信時間」「未読メッセージ」「お気に入り」のいずれかのパターンを選んでタップします。

4 ｜ 並び替えを「未読メッセージ」に設定する

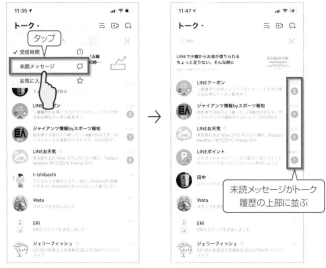

「未読メッセージ」をタップすると未読メッセージがトーク履歴の上部に並ぶようにトーク履歴の並び方が変更されます。

5 ｜ 並び替えを「お気に入り」に設定する

「お気に入り」をタップすると友だちリストでお気に入り登録した友だちがトーク履歴の上部に並ぶようにトーク履歴の並び方が変更されます。

LINEトーク＆スタンプ

インターフェースデザインを変更する

LINEには「着せかえ」機能と呼ばれるインターフェースデザインを変更できる機能が搭載されています。自分のお気に入りのデザインや見た目でLINEをすれば、これまで以上に、LINEを楽しむことが可能です。また、LINEトークを行うトークルームごとにデザインを変更することもできます。

「着せかえ」機能でインターフェースを変更する

> この着せ替えはブラック!

1 「マイ着せかえ」をタップする

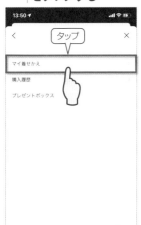

メインメニュー「ホーム」→「設定」→「着せかえ」→「マイ着せかえ」を順番にタップします。

2 着せかえを選んでタップ

標準で用意された着せかえは「コニー」と「ブラウン」「ブラック」の3種類。好きなものをタップします。

3 確認メッセージの「適用」をタップ

ダウンロードが完了すると確認メッセージが表示されます。「適用」をタップすると着せかえ完了です。

4 LINEのデザインが劇的に変化する

ダウンロードをした着せかえにLINEのデザインが変化します。

着せかえショップで着せかえを購入する

LINEに標準で用意されている着せかえは「コニー」「ブラウン」「ブラック」の3種類です。それ以外の着せかえは「着せかえショップ」で入手することができます。「着せかえショップ」では有料・無料問わず数多くの着せかえが配信されています。好みのデザインの着せかえがないか探してみましょう。有料の着せかえを購入したい場合は、仮想通貨であるLINEコインが必要になります。コインのチャージに関しては本書47ページで紹介しているので、該当ページを参照しながら行ってみましょう。

1 「着せかえショップ」にアクセスする

メインメニュー「ホーム」→「着せかえ」を順番にタップすると着せかえショップが表示されます。

2 着せかえをタップして情報を確認する

気に入った着せかえが見つかったらタップして「着せかえ情報」画面を表示して、詳細な情報をチェックしましょう。

3 有料の着せかえを購入する

着せかえを購入する場合は「購入する」をタップします。購入には仮想通貨であるLINEコインが必要となります。

LINEトークの自動バックアップ設定を行う

　スマートフォンの故障や水没など予期せぬ事態のために、バックアップは重要です。いざというときに、トーク履歴を失わないために、トークの自動バックアップを設定してはいかがでしょうか。機種変更の際の引き継ぎテクニックは紹介しましたが、LINEでは頻度を設定し自動的にクラウドへバックアップをするように設定をしておくことができます。

iPhoneの自動バックアップ設定を行う

1 iPhoneの設定を確認する

iPhone本体の「設定」→「一般」→「Appのバックグラウンド更新」をタップし、LINEがオンになっていることを確認しましょう。

2 「ホーム」からトーク設定を開く

「ホーム」→「設定」→「トーク」→「トークのバックアップ」を順番にタップをします。

3 「バックアップ頻度」をタップ

「トークのバックアップ」画面の「バックアップ頻度」をタップします。

4 バックアップの頻度を設定する

バックアップの頻度を「毎日〜1か月に1回」の中から選択すれば設定完了です。

Androidの自動バックアップ設定を行う

1 「ホーム」からトーク設定を開く

「ホーム」→「設定」→「トーク」→「トーク履歴のバックアップ・復元」を順番にタップをします。

2 「バックアップ頻度」をタップする

「トーク履歴のバックアップ・復元」画面の「バックアップ頻度」をタップします。

3 自動バックアップをオンにする

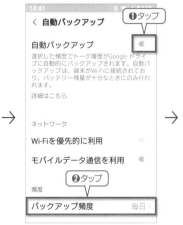

自動バックアップをオンに設定して、「バックアップ頻度」をタップします。

4 頻度を選べば設定完了

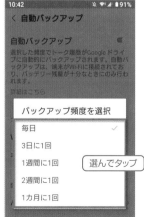

あとはバックアップの頻度を「毎日〜1か月に1回」の中から選択すれば設定完了です。

困ったを解決する LINEトーク&スタンプ のQ&A

Q. iPhoneで既読を回避できるワザってあるの?

A. 通知設定の変更やiPhone独自の機能で既読をスルーします

トークルームに届いたメッセージや画像を確認すると、送信者に内容を確認したことを知らせる「既読」が表示されます。便利な機能である反面、返信を強制されているかのような負担を感じる側面もあります。iPhone版LINEで既読を付けずにメッセージを確認するにはLINEとiPhoneの通知設定を変更する方法と「機内モード」や感圧タッチ「Peek」を活用する方法があります。ただし、どちらの方法も一時的な回避に過ぎないので、注意が必要です。

LINEと端末の通知設定を変更して既読回避する

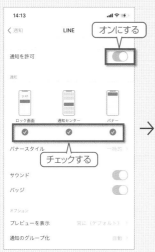

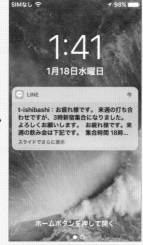

1 LINEの通知設定を変更する
メインメニュー「ホーム」→「設定」→「通知」を順番にタップします。「通知」「新規メッセージ」「メッセージ内容表示」をオンにします。

2 iPhoneの通知設定を変更する
iPhoneの「設定」→「通知」→「LINE」を順番にタップします。「通知を許可」「ロック画面に表示」「バナーとして表示」をオンに設定します。

3 バナーでトークを確認する
端末ロックがかかっていない状態でメッセージを受信するとバナーでメッセージ全文を見ることができます。

4 ロック画面でトークを見る
端末ロックがかかっている状態でメッセージを受信するとロック画面で4行程度メッセージを見ることができます。

機内モードで既読を一時的にスルーする

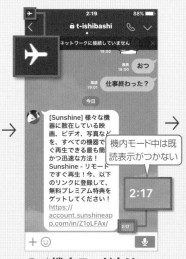

1 タッチID機種の機内モード
タッチIDの機種は、ホームボタンを2回押してアプリ選択からLINEを終了させます。画面を下から上にスワイプしてコントロールセンターの機内モードをオンにします。

2 iPhone X以降の機内モード
画面一番下のバーをスワイプしてアプリ選択からLINEを終了させます。画面を上から下にスワイプしてコントロールセンターの機内モードをオンにします。

3 機内モード中は既読がつかない
再びLINEを起動してメッセージが届いているトークルームを開きます。機内モード中は既読表示がつきません。

4 LINEと機内モードを終了
メッセージを読み終わったら、LINEを終了させて機内モードをオフにします。次にオンラインでLINEを起動するまで既読表示はつきません。

「3D Touch」や「触覚タッチ」で既読をスルーする

iPhone 6S〜XSまでの3D Touch、iPhone 11以降の触覚タッチの機能を使っても既読を付けずにメッセージを読むことができます。トークの一覧画面で内容を読みたいトークを強く押すだけでトーク画面のプレビュー画面がポップアップで開いて、メッセージの内容が見られます。プレビューは一画面分のみで過去のメッセージを遡って見ることはできませんが、1ページに収まる内容のメッセージであれば問題なく全文見れます。

1 | 3D Touchをオンにする

3D Touchの機種の場合は、「設定」→「一般」→「アクセシビリティ」を順番にタップして、「3D Touch」をオンにします。触覚タッチの機種ならばこの操作は不要です。

2 | 未読メッセージの部分を強く押す

メッセージを受信したら、トーク履歴を開いて未読メッセージを強く押します。トークルームを開くと既読になるので注意しましょう。

3 | 未読メッセージをプレビューで確認

未読メッセージのプレビューがポップアップで開くので内容を確認します。ポップアップを開いたまま上にスワイプすると操作メニューが開きます。

Q. Androidで既読を回避を方法ってあるの?

A. Androidは通知ポップアップで既読回避します

「既読」表示を回避するテクニックはiPhoneの場合、いくつかの方法で既読を回避しましたが、Androidでは通知設定を変更して既読を回避するのがオスス

メです。過去にはポップアップでスタンプなどを含めたすべてのメッセージを確認することもできましたが、現在ではできなくなっています。Android端末はアップ

デートにより残念ながら現在は機能が縮小されていますが、それでもAndroidでは既読回避に利用できる貴重な機能となっています。

1 | 「ホーム」→「設定」をタップ

メインメニューの「ホーム」→「設定」アイコンをタップして設定画面を開きます。設定画面が開いたら「通知」をタップしましょう。

2 | メッセージ通知を設定する

通知にチェックをいれ、メッセージ通知を「音声とポップアップで知らせる」に切り替えます。

3 | ポップアップで通知される

これでポップアップでメッセージが通知されます。ただし長文やスタンプは確認できません。

4 | LINEの起動に注意

通知メッセージをタップしLINEを起動した瞬間に既読になるので注意しましょう。

LINEトーク&スタンプ

65

困ったを解決するLINEトーク&スタンプのQ&A

Q. 友だちに通知せずにメッセージって送れる?

A.「ミュートメッセージ」機能を使えば通知なしで送ることができます

「夜中にLINEを送りたい」「通知音が迷惑にならないようにLINEを送りたい」そんなときはミュートメッセージ機能を利用すると、友だちのスマホ上に通知されずにメッセージを送ることができます。また、ミュートメッセージ機能は友だちがLINEを通知オンの設定をしていても通知なしでメッセージを送れます。早朝や夜遅い時間、または仕事中や授業中にメッセージを送りたいときに便利な機能です。

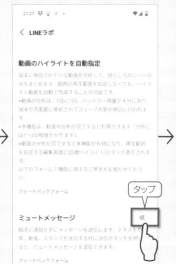

1「LINE ラボ」をタップする

まずミュートメッセージを設定します。「ホーム」から設定画面を開いて「LINE ラボ」を順番にタップします。

2「ミュートメッセージ」をオンに設定する

「ミュートメッセージ」をオンに設定します。これでミュートメッセージの設定は完了です。

3「送信」キーをロングタップする

メッセージを送信する際に「送信」キーをロングタップします。「ミュートメッセージ」をタップすると送信完了です。

Q. 写真や画像を高画質のまま送信できる?

A. スマホに保存された画像／写真はオリジナル画質で送信可能です

スマートフォンのカメラ機能は、今では高級デジカメと比較しても遜色ない高画質を誇ります。その反面、データ容量が大きくなったため、LINEでは送信する写真の画質・サイズを自動的に落とす初期設定となっています。撮影した写真をオリジナル画質で送信したい場合は、写真選択時に「ORIGINAL」にチェックを付ける必要があります。オリジナル画質での送信は通信容量も大きくなるので、Wi-Fiなどの通信環境を利用しましょう。

1「写真」をタップして画像を選択

トークルームの入力欄の横の「写真」をタップします。送信したい画像を選択していきます。

2 オリジナル画質にチェックする

送信する画像を選択した時に画面左下の「ORIGINAL」にチェックを入れます。

3「送信」をタップして送信完了

「送信」アイコンをタップすると撮影したオリジナル画質のまま送信されます。

Q. トークルームの画像の期限切れって防げるの?

A.「アルバム」に画像を保存して有効期限切れを防ぎます

トークルームの画像には有効期限があります。受信した画像をトークルームに放置しておくと、いずれ有効期限が切れて画像をタップしても、閲覧したり保存したりできなくなってしまいます。そういった事態を避けるためには「アルバム」に大切な画像をまとめて保存して管理しましょう。アルバムに保存された画像は有効期限なしで半永久的に残すことができます。また、友だちとアルバムを共有して2人で管理していくことも可能です。

1 「アルバム」をタップする

写真を共有したいトークルームの右上のアイコン→「アルバム」→「アルバム作成」を順番にタップします。すでに作成したアルバムがある場合は右下のアイコンをタップします。

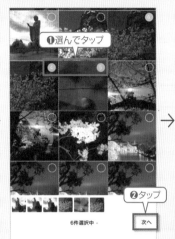

2 保存する画像にチェックを入れる

アルバムに保存する画像すべてにチェックを入れて「次へ」をタップします。

3 アルバム名をつけて「作成」

50文字以内でアルバム名を付けて「作成」をタップするとアルバムは完成です。トークルームのアルバム名をタップすればアルバムの閲覧が可能です。

Q. 間違って送信したメッセージは取り消せる?

A. 24時間以内であれば送信の取り消しは可能です

LINEでは誤って送信したメッセージやスタンプなどは、24時間以内であればトークをしている人数や相手を問わずに「送信取消」をすることができます。方法は取り消しをしたいメッセージやコメントを長押しして「送信取消」を選ぶだけ。似たような項目として「削除」がありますが、こちらは自分のトークルームの表示を削除するのみの機能で、相手側のトークルームから削除できないので注意が必要です。

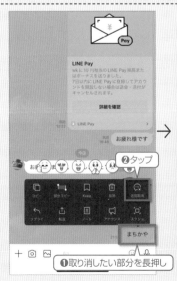

1 取り消すトークを長押し

送信を取り消したいトークを長押しして、操作メニューの「送信取消」をタップします。

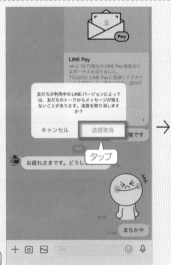

2 「送信取消」をタップする

選択したトークの送信取り消しに関する確認メッセージが表示されるので「送信取消」をタップします。

3 送信取り消しが完了する

トークルームに「メッセージの送信を取り消しました」と表示されたら、送信取り消しは完了です。

LINEトーク&スタンプ

困ったを解決するLINEトーク&スタンプのQ&A

Q. トーク履歴をもっとわかりやすく整理する方法はないの?

A. トークフォルダー機能を利用すればトーク履歴を整理できます

トークフォルダー機能を利用すれば、トーク履歴を「すべて」「友だち」「グループ」「公式アカウント」の4種類に自動でフォルダ分けすることができます。トーク履歴をフォルダ分けすることで内容が整理でき、目的のトークを見つけやすくなります。トークフォルダー機能の利用はiOS版LINEはバージョン10.19.0以上、Android版LINEはバージョン10.7.0以上にアップデートする必要があります。

1 「LINE ラボ」をタップする

まずトークフォルダー機能を設定します。「ホーム」から設定画面を開いて「LINE ラボ」を順番にタップします。

2 「トークフォルダー」をオンに設定する

「トークフォルダー」をオンに設定します。これでトークフォルダー機能の設定は完了です。

3 トーク履歴のフォルダ分けが完了

トーク履歴が「すべて」「友だち」「グループ」「公式アカウント」の4種類に振り分けされます。

Q. 過去のメッセージってどうやって検索するの?

A. 検索機能を利用しましょう。

検索は通常のトーク、グループトークで行うことができ、キーワードか日付を絞って検索をかけることができます。キーワードで検索をかけた場合は、そのキーワードを含むメッセージが一覧で表示されるので、見たいメッセージをタップするとそのメッセージの部分まで遡って表示されます。日付の検索をかけた場合は、その日まで画面が遡り表示されます。

1 アイコンをタップ キーワードを入力

検索をしたいトークルームを開いて、画面上の「虫眼鏡」アイコンをタップ。ウィンドウが表示されたらキーワードを入力しましょう。

検索結果が一覧で表示される

2 表示された結果をタップ

入力したキーワードが含まれるトークが一覧で表示されます。見たいものをタップすればそのトークの部分に遡り表示されます。

3 日時で検索をする

トークをしていた日時で検索をしたい場合は、「虫眼鏡」アイコン→「カレンダー」アイコンをタップし、日にちを指定しましょう。

Q. LINEトークは転送できるの?

A. LINEトークのメッセージや写真、ファイルなどは転送できます

LINEトークでやりとりしたメッセージや写真、ファイルなどは、ほかの友だちやグループに転送することができます。また、LINE以外のアプリへの転送にも対応しているので、LINEで受信したメッセージや画像をメールで転送したり、端末に保存せず直接X(元Twitter)などのSNSに投稿したりもできます。ほかのSNSなどを併用しているユーザーは覚えておくと便利な機能です。

1 転送するトークをロングタップする

トークルームの転送したいトークをロングタップして「転送」をタップします。

2 「転送」をタップする

転送するトークにすべてにチェックを入れて「転送」をタップします。

3 転送先を選んでタップする

転送先を選んでタップするとLINEトークの転送が完了します。

Q. LINEトークってスクリーンショットできる?

A. トークスクショ機能でスクリーンショットできます

スマートフォン本体には標準でスクリーンショット(画面キャプチャ)機能がありますが、LINEにもトークスクショ機能というスクリーンショット機能が搭載されています。トークスクショ機能はLINEトークのスクリーンショットに特化した機能で、LINEトークを自在に切り抜いたり、加工して友だちに転送したり、端末に保存したりできる機能です。LINEトークをピンポイントでスクショしたいときに便利な機能です。

1 スクショするトークをロングタップする

トークルームを開いてスクリーンショットしたいトークをロングタップして「スクショ」をタップします。

2 スクショする範囲を決定する

画面をタップしてスクリーンショットしたいトークの範囲を決めます。

3 「スクショ」をタップする

「スクショ」をタップすると選択した範囲のスクリーンショットが完了します。

困ったを解決するLINEトーク&スタンプのQ&A

Q. グループトークで特定の人にメッセージを送れる?

A. メンション機能を利用しましょう

大人数でグループトークをしているとき特定の相手に発信したことを明確にするのに便利なのが「メンション」機能です。メンション機能は、トーク画面上で話しかける相手が明確になるだけでなく、メンションされた相手のトークリストや通知画面に表示され、相手も気づきやすくなります。似たような機能にリプライがありますが、こちらは相手のトークを引用して返信をする機能で、引用相手には特に通知がされません。

1 「@」を入力 友だちを選ぶ

メッセージ入力欄に「@」を入力するとトーク参加メンバーが表示されますので、選んでタップしましょう。

2 メンションされると 通知される

メンションをされた側は通知画面やトーク画面にメンションされたことが通知されますので、返信しましょう。

3 トークを引用し リプライする

リプライしたいトークを長押し。「リプライ」をタップすれば引用して返信することができます。

Q. 友だちによって異なる雰囲気のトークルームは作れる?

A. トークルームごとに背景やBGMの設定ができます

トークルームの背景はデフォルトでは、「着せ替え」で設定したものが適用されていますが、この背景の設定は、トークルームごとに変更をすることが可能です。トークルームが増えてきたり、似た名前の友だちがいるときなど視覚的に変化をつけることでトークの送り間違えを防いだり、友だち毎に雰囲気を変えたりするときに利用しましょう。また同じようにLINE MUSICを利用していればトークルームごとにBGMを設定できます。

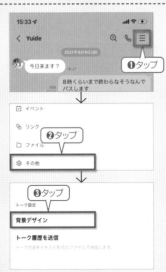

1 背景デザインを 変更する

設定を変更したいトークルームの「三」→「その他」→「背景デザイン」の順にタップをしていきます。

2 デザインを 変更する

背景のデザインはあらかじめ用意された着せ替えや撮影した写真、その場で撮影した写真も設定可能です。選んでタップしましょう。

3 トークルームの BGMを設定

同様に、設定を変更したいトークルームの「三」→「BGM」を選択してトークルームのBGMを設定できます。ただしLINE MUSICの利用が必須です。

Q. LINEを使えば簡単に外国人と話せるって本当?

A. 翻訳アカウントを使ってトークをしてみましょう。

LINEの公式アカウントには「通訳」があります。用意されたアカウントは、英国、中国語、韓国語の3種類ですが、これらであればトークにメッセージを送るだけで翻訳ができるので、言葉の壁を超えて外国人と会話ができます。アカウントを登録するだけですぐに利用可能なのも嬉しいポイントです。

1 通訳のアカウントを友だち登録する

検索欄より通訳の公式アカウントを検索して、友だち登録します。類似アカウントに注意しましょう。

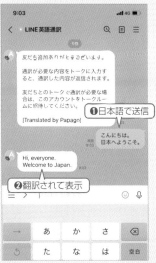

2 トークをすれば翻訳可能

トーク画面で翻訳したい言葉を送信すると、自動翻訳されてすぐに返信が来ます。

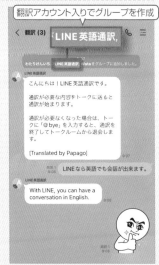

3 特定の友だちとはグループを作成

外国人の友だちとのトークで必要な場合は、その友だちと通訳アカウントが含まれたグループを作成して会話します。

Q. 暇つぶしで趣味が合う人と会話したりできるの?

A. オープンチャットを使ってみましょう。

「オープンチャット」は、友だち登録をしていない人ともトークをしたり、情報交換ができるサービスです。LINE上の名前やプロフィールを同期せずに、個々に設定が可能です。URLやQRコードを共有して友だち登録なく、グループトークでやり取りをすることができます。オープンチャットは、既に存在するものに参加したり、自分で新たに作ることもできるので、時間を持て余したときに一度利用してみましょう。

1 オープンチャットはサービスにある

オープンチャットを利用するには、LINEのホーム画面のサービスにある「オープンチャット」をタップします。

2 オープンチャットに参加する

検索やおすすめを使って参加したいオープンチャットを選んでタップ。あとは指示に従い会話するだけです。

3 オープンチャットを作成する

自分でオープンチャットを作成したい場合は、「作成」をタップ。指示に従い作成しましょう。

LINEで気軽にAIが使える「LINE AIアシスタント」

調べ物や画像解析、翻訳などさまざまなことに利用可能なのが「LINE AIアシスタント」です。LINEに統合された形で利用できるので、話題のAIの入門編としても最適。すべての機能を無制限に利用するためには、有料プランに加入する必要がありますが、1日5回までのテキストでの質問は無料で使えます。操作も友だちとのトーク感覚で、質問したり簡単な操作だけで行うことができますので、興味があったら一度利用してみましょう。

AIアシスタントの利用方法

1 アカウントを友だち登録する

LINEの「ホーム」のサービス一覧から「LINE AI アシスタント」を選んで友だち登録しましょう。

2 トーク画面で利用規約に同意

タップ

利用前に規約の同意が必要です。トーク画面に表示された「利用規約を確認」をタップ、よく読んで同意しましょう。

3 AIアシスタントが利用可能に

規約に同意すると、AIアシスタントが利用可能になります。使い方も記載されているので気軽に利用してみましょう。

AIアシスタントでできること

調べ物をする
トーク感覚で質問するだけで、気楽に調べ物ができます。ちょっとした疑問から旅行プランまで幅広く利用可能です。

仕事や宿題のフォロー
文章の作成や添削、アイデア出しなど、使い方次第で大きな助けに。精度に関しては問題点もあるので見直しは必須です。

暇つぶしの雑談相手
寂しいときや誰かと話したいとき、暇つぶしの雑談相手に友だちの代わりに話しかけてみましょう。

ファイルの分析
文章や写真のファイルを翻訳したり、内容を分析することができます。料理の写真を使えば手軽にカロリー計算も。

PART

3

通話

LINEでは、普通の電話とまったく変わらない「音声通話」や、
いわゆるテレビ電話のような「ビデオ通話」が無料で楽しめます。
ここでも、知っておいた方が便利な重要な
テクニックがいくつか存在しますので、
機能を理解してから通話を楽しみましょう。

これならわかる!
超初心者の
LINE 入門
LINE First Experience Perfect Guide

難しく考えずに
実際に操作してみよう!

1対1で
音声通話をする

通話の基本である友だちと、1対1で音声通話をする方法を解説します。操作自体は非常にシンプルなので、トークをマスターした方ならすんなり操作することができるはずです。また通話中の画面も視覚的にわかりやすく作られているため、画面を一度見れば解説なしで操作できるという方も多いのではないでしょうか?

80～83
ページ

76～79
ページ

基本的な操作法は
音声通話と変わらない!

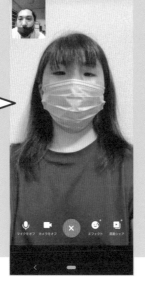

1対1で
ビデオ通話をする

LINEは音声のみの通話だけでなく、ビデオ通話にも対応しています。ここではその利用方法を解説します。カメラのオン・オフや切り替えなどビデオ部分にまつわる操作が加わるものの、基本的な利用方法自体は音声通話と大差ありません。こちらも難しく考えずに一度操作をしてみることがおススメです。

複数人で通話できる 「LINEミーティング」

友だちとの基本的な通話の使い方をマスターしたら、最大500人という大人数で同時に通話ができる「LINEミーティング」も知っておきましょう。似たような機能としてグループを作成して通話することも可能ですが、URLを作成してシェアすることで友だち以外との会話もできるLINEミーティングなら会議などにも利用できるのでこちらも便利です。

会議や打ち合わせなどさまざまな場面で利用できる！

84〜85ページ

86〜87ページ

覚えておくと便利
通話中の共有機能！

大勢でワイワイ楽しめる 「画面シェア」機能

YouTubeなどの動画サイトやスマートフォンに保存された画像を複数人で共有しながら通話できる「画面シェア」の機能を解説します。これを使いこなせば、1対1でもグループでも共有可能で、みんなで動画を見ながらワイワイしたり、会議の資料を共有したりとさまざまな場面で利用できます。

友だちに無料で 音声通話をかける

LINEに登録されている友だち同士であればスマートフォンのキャリアに関係なくいつでもどこでも無料で音声通話をすることが可能です。音声通話を受信すると画面には相手のアイコンと名前が表示され、すぐ下のアイコンをタップすれば応答、拒否ができます。また通話中にスピーカーへの切り替えもできます。

P ART 3

友だちリストから友だちを選んで音声通話をかける

1 音声通話をする 友だちを選ぶ

メインメニュー「ホーム」をタップして友だちリストから音声通話をする友だちを選んでタップします。

2 「音声通話」を タップする

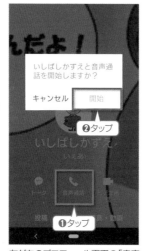

友だちのプロフィール画面の「音声通話」をタップ、次に「開始」をタップすると音声通話が発信されます。

3 友だちが応答 したら通話開始

音声通話の発信中はこのような画面が表示されます。音声通話をかけた友だちが応答したら音声通話の開始です。

4 音声通話の 発信を中止

発信画面の「終了」アイコンをタップすると音声通話の発信を中止できます。

5 音声通話を 終了する

通話中は通話画面に通話時間が表示されます。通話を終了する時は「×(終了)」アイコンをタップします。

6 発信履歴はトーク ルームに表示される

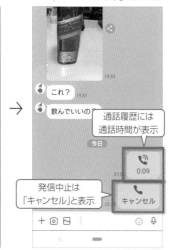

通話履歴には通話時間が表示

発信中止は「キャンセル」と表示

トークルームに反映された通話履歴には通話時間が表示されます。発信中止した履歴は「キャンセル」と表示されます。

POINT

音声通話を 発信中にLINEの ほかの操作を行う

友だちと音声通話の途中でLINEのほかの操作を行いたいときは、iPhoneは発信画面左下の「→←」、Androidは端末の「戻る」キーをタップします。通話中にLINEのほかの操作を行っても音声通話の状態は変わらないので、友だちと通話を続けつつ、トークなどを通常通りに送信することができます。

音声通話の発信画面に戻るときは、画面右上のアイコンをアップすると戻ります。

音声通話中の画面構成

画面を把握すれば
感覚的に操作可能

❶LINEの画面表示
通話中にLINEの画面に戻ります。

❷マイクをオフ
端末のマイクが一時的にオフになります。

❸ビデオ通話を開始
音声通話からビデオ通話に切り替わります。

❹スピーカーをオン
通話している相手の音声をスピーカーで聞けます。

❺×（終了）
通話を終了します。

音声通話中の画面構成はiPhoneもAndroidも違いはなく、ほとんど同じ画面構成になります。

トークルームから音声通話を発信する

1 トークルームを選んで開く

メインメニュー「トーク」をタップして、音声通話を発信するトークルームを開きます。

→

2 「電話」アイコンをタップする

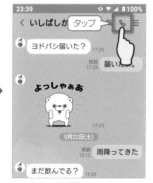

タップ

トークルームが開いたら、トークルームの画面上部にある「電話」アイコンをタップします。

→

3 「音声通話」をタップする

音声通話　タップ

通話に関する操作メニューが表示されるので、「音声通話」を選んでタップすると音声通話が発信されます。

→

4 音声通話を開始する

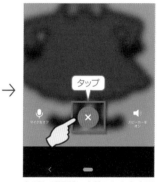

タップ

友だちが通話に応答したら音声通話の開始です。通話を終了する時は「×（終了）」アイコンをタップします。

5 一度かけた友だちにリダイヤルする

❶タップ

❷タップ

トークルームに反映された音声通話の通話履歴をタップすると友だちのプロフィール画面が表示され、「音声通話」をタップするとリダイヤルできます。

POINT

友だちが応答しなかった場合

友だちが音声通話に応答しなかった場合や友だちが音声通話を応答拒否した場合、トークルームの通話履歴は「応答なし」と表記されます。他の通話履歴と同じく、「応答なし」の履歴をタップすると友だちにリダイヤルすることができます。

❶タップ

❷タップ

他の通話履歴と同じく、タップすると友だちのプロフィール画面が表示され、「音声通話」をタップするとリダイヤルできます。

重要!!

友だちからかかってきた音声通話に応答する

スマートフォンの通話着信と同じように、LINEも友だちから通話の着信があると着信音が鳴ります。友だちから着信があったら応答すると、友だちと音声通話が開始されます。スマートフォンの通話と同じように、応答を拒否することもできますし、ビデオ通話に切り替えたり、ハンズフリーで通話できます。

通話に出るときは緑のボタン！

友だちリストから友だちを選んで音声通話をかける

1 かかってきた着信に応答する

t-ishibashi

タップ

→

友だちから音声通話がかかってきた場合は「応答」アイコンをタップして応答します。通話を終了する時は「×（終了）」アイコンをタップします。

2 かかってきた着信を拒否する

t-ishibashi

タップ

友だちからの音声通話に応答できない場合は「×」アイコンをタップして応答を拒否します。トークルームの通話履歴には「キャンセル」と表記されます。

音声通話の着信画面

❶応答
　タップするとかかってきた音声電話に応答します。

❷拒否
　タップするとかかってきた音声電話を拒否できます。

Androidの場合は、「応答」アイコンを右にスワイプで着信応答、「×」アイコンを左にスワイプで着信拒否します。

不在着信に折り返して音声通話を発信する

iPhoneは不在着信の通知をスワイプする

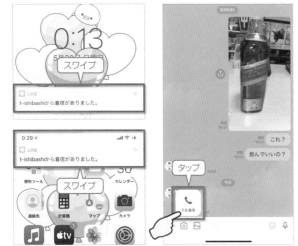

スワイプ

スワイプ

タップ

iPhoneは不在着信があるとロック画面もしくはホーム画面に通知が表示されます。不在着信の通知をスワイプするとトークルームが表示されるので、トークルームに表示されている「不在着信」をタップします。

Androidは通知センターから直接発信できる

❶下にスワイプ

→

❷タップ

Androidは不在着信があるとロック画面もしくは通知センターに不在着信の通知が表示されます。ロック画面の不在着信通知をダブルタップするか、通知センターを表示して「発信」をタップすると音声通話が発信されます。

音声通話中の画面操作

LINEの音声通話機能は通話中も画面に表示された各アイコンをタップすることで、様々な操作を行うことができます。

1 ホームボタンをタップして 音声通話中にLINE以外のアプリを起動する

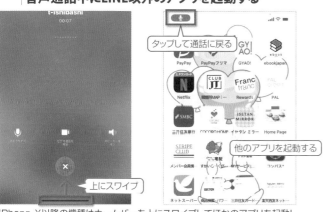

タップして通話に戻る

他のアプリを起動する

上にスワイプ

iPhone X以降の機種はホームバーを上にスワイプしてほかのアプリを起動します。iPhone X以前の機種は本体ホームボタンを押してホーム画面に戻り、ほかのアプリを起動します。

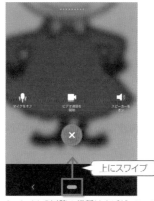

上にスワイプ

タップして通話に戻る

Android 9以降の機種はナビゲーションバーを上にスワイプしてほかのアプリを起動します。Android 9以前の機種は「ホーム」キーをタップしてホーム画面に戻り、ほかのアプリを起動します。

2 音声通話中に通話相手の トークルームを表示する

タップ

タップして通話画面に戻る

iPhoneは通話画面の「→←」をタップ、Androidは「戻る」キーをタップしてLINEの操作画面に戻り、トークルームを開きます。通話画面に戻るときは画面右上のユーザーサムネイルのアイコンをタップします。

3 「スピーカをオン」キーをタップして ハンズフリーで音声通話をする

タップしてオン

タップしてオフ

通話中に「スピーカーをオン」キーをタップすると通話相手の音声をスピーカーで聴けるようになるので、ハンズフリーで音声通話ができます。「スピーカーをオフ」キーをタップするとスピーカーはオフになります。

4 「マイクをオフ」キーをタップして 自分の音声を消音にする

ちょっと待ってもらうときに！

タップしてオフ

タップしてオン

通話中に「マイクをオフ」キーをタップすると端末のマイクが一時的にオフになり、自分の音声が消音になります。「マイクをオン」キーをタップでオンになります。

5 「ビデオ通話を開始」キーをタップして 音声通話からビデオ通話に切り替える

タップ

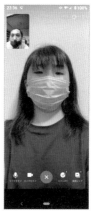

音声通話中に「ビデオ通話を開始」キーをタップすると音声通話からビデオ通話に切り替わります。

通話

重要!!

友だちと無料でビデオ通話する

　LINEには手軽に利用できる「ビデオ通話」機能が備わっています。音声のみの「無料通話」と同様、電話をかけるように相手を呼び出し、スマートフォンに搭載されたカメラを使って双方向のビデオ通話を行うことが可能です。「ビデオ通話」の利用は無料のため通話料はかかりませんが、パケット通信料は発生します。

友だちにビデオ通話をかける

1 ビデオ通話する友だちを選ぶ

メインメニュー「ホーム」をタップして友だちリストからビデオ通話をする友だちを選んでタップします。

→

2 「ビデオ通話」をタップする

友だちのプロフィール画面の「ビデオ通話」をタップするとビデオ通話が発信されます。

→

3 友だちが応答したら通話開始

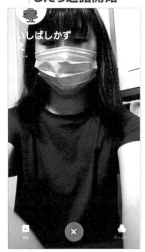

ビデオ通話の発信中はこのような画面が表示されます。ビデオ通話をかけた友だちが応答したらビデオ通話の開始です。

→

4 ビデオ通話の発信を中止

発信画面の「終了」アイコンをタップするとビデオ通話の発信を中止できます。

1 ビデオ通話を終了する

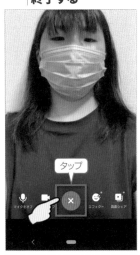

ビデオ通話中は通話画面に通話相手の映像が表示されます。通話を終了する時は「終了」アイコンをタップします。

→

2 発信履歴はトークルームに表示される

通話履歴には通話時間が表示

発信中止は「キャンセル」と表示

トークルームに反映された通話履歴には通話時間が表示されます。発信中止した履歴は「キャンセル」と表示されます。

P OINT

ビデオ通話を発信中にトークルームに戻る

　ビデオ通話を友だちに発信中にトークルームに戻る場合は、発信画面の「<」をタップするとトークルームに戻ることができます。発信中にトークルームに戻ってもビデオ通話の発信はキャンセルされないので、友だちにビデオ通話を発信しつつ、メッセージなどを通常通りに送信することができます。

ビデオ通話発信中に発信画面の「<」をタップするとトークルームに戻ります。発信画面に戻る場合はビデオ通話画面をタップします。

ビデオ通話中の画面構成

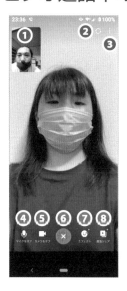

①サブ画面
インカメラによる自分の映像が表示されます。

②カメラ切り替え
インカメラとメインカメラを切り替えます。

③表示切替
画面分割、カメラの向き、またオーディオ設定の変更などが行えるメニューを開く。

④マイクオフ
通話音声が一時的にオフになります。

⑤カメラオフ
一時的にインカメラがオフになります。

⑥通話終了
ビデオ通話を終了します。

⑦エフェクト
映像にエフェクトをかけます。

⑧画像シェア
YouTubeなどにビデオ通話をシェアできます。

トークルームからビデオ通話を発信する

1 トークルームを選んで開く

メインメニュー「トーク」をタップして、ビデオ通話を発信するトークルームを開きます。

2 「電話」アイコンをタップする

トークルームが開いたら、トークルームの画面上部にある「電話」アイコンをタップします。

3 「ビデオ通話」をタップする

通話に関する操作メニューが表示されるので、「ビデオ通話」を選んでタップするとビデオ通話が発信されます。

4 ビデオ通話を開始する

友だちがビデオ通話に応答したらビデオ通話の開始です。ビデオ通話を終了する時は「終了」アイコンをタップします。

5 ビデオ通話でリダイヤルする

トークルームに反映されたビデオ通話の通話履歴をタップすると友だちのプロフィール画面が表示され、「ビデオ通話」をタップするとビデオ通話でリダイヤルできます。

POINT
友だちが応答しなかった場合

友だちがビデオ通話に応答しなかった場合や友だちがビデオ通話を応答拒否した場合、トークルームの通話履歴は「応答なし」と表記されます。他の通話履歴と同じく、「応答なし」の履歴をタップすると友だちにリダイヤルすることができます。

他の通話履歴と同じく、タップすると友だちのプロフィール画面が表示され、「ビデオ通話」をタップするとビデオ通話でリダイヤルできます。

友だちからかかってきたビデオ通話に応答する

「ビデオ通話」は相手の顔を見ながら会話が楽しめる機能ですが、基本的な応答方法は通常のスマートフォンなどの電話と変わりません。友だちからビデオ通話がかかってくるとコール音が鳴り、呼び出し画面が表示されます。ビデオ通話に応答する場合は、緑色の「応答」ボタンをタップします。

友だちからのビデオ通話に応答する

ビデオがいやなときはカメラをオフにできる!

1 ビデオ通話に応答／拒否する

応答しない場合はタップ　応答する場合はタップ

友だちからビデオ通話がかかってきた場合は「応答」アイコンをタップします。応答しない場合は「拒否」アイコンをタップします。

2 自分のカメラをオフにして応答する

タップ

「カメラをオフ」をタップすると自分のカメラをオフにして応答できますが、iPhoneの場合は設定が必要です(88ページの下段参照)。

ビデオ通話の着信画面

❶発信者
ビデオ通話の発信者が表示されます。

❷画面縮小
インカメラ画像が縮小表示されます。

❸カメラ切替
インカメラとメインカメラが切り替わります。

❹カメラをオフ
自分のカメラがオフになります。

❺拒否
かかってきたビデオ電話を拒否します。

❻応答
かかってきたビデオ電話に応答します。

POINT

ビデオ通話の不在着信

ビデオ通話の不在着信は音声通話の不在着信とトークルーム上の表記は同じです。iPhoneは不在着信があるとロック画面もしくはホーム画面に通知が表示されます。Androidは不在着信があると通知センターに不在着信の通知が表示されます。ビデオ通話で折り返す時はトークルームに表示されている「不在着信」をタップしてビデオ通話で発信します。

iPhoneは不在着信の通知をスワイプする

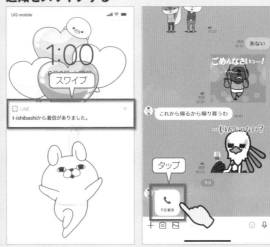

スワイプ

タップ

iPhoneは不在着信があるとロック画面もしくはホーム画面に通知が表示されます。不在着信の通知をスワイプするとトークルームが表示されるので、トークルームに表示されている「不在着信」をタップします。

Androidは通知センターから直接発信する

❶下にスワイプ

❷タップ

Androidは通知センターに不在着信の通知が表示されます。通知センターを表示して「不在着信」をタップし、トークルームの不在着信通知をタップしてビデオ通話で発信します。

ビデオ通話中の画面操作

　LINEのビデオ通話機能はビデオ通話中も画面に表示された各アイコンをタップすることで、様々な操作を行うことができます。例えば、ビデオ通話の画質を調整したり、通話中に音声やインカメラをオフにしたり、ビデオ通話にエフェクトをかけたり、画面表示を二分割で表示したりできます。本誌を参考に通話中の操作を覚えておきましょう。

1 メニューを非表示にする

ビデオ通話中に画面をタップするとメニューが非表示になります。再表示する場合は画面右上のLINEマークをタップします。

→

2 画面表示を二分割で表示

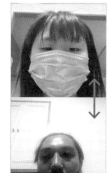

ビデオ通話中に画面を上下どちらかにスワイプすると画面表示を上下に二分割で表示することができます。

→

3 通話中にカメラをオフ

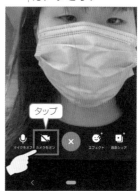

通話中に「カメラ」ボタンをタップすると端末のインカメラが一時的にオフになります。もう一度タップするとインカメラがオンになります。

→

4 通話中にマイクをオフにする

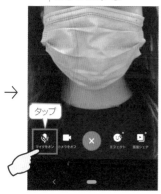

通話中に「消音」ボタンをタップすると端末のマイクが一時的にオフになり、音声が消音になります。もう一度タップするとマイクがオンになります。

5 ビデオ通話をシェアする

ビデオ通話中に「画面シェア」をタップするとリアルタイムで録画して、撮影した動画をYouTubeなどでシェアすることができます。

→

6 ビデオ通話にエフェクトをかける

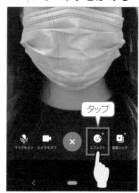 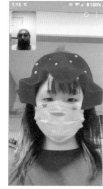

ビデオ通話中に「エフェクト」ボタンをタップすると、画面上に映像にかけられるエフェクトの一覧が表示されるので、かけたいエフェクトを選んでタップします。ビデオ通話相手の画面上にエフェクトが反映されて映し出されます。

Ⓟ OINT

ビデオ通話が楽しくなるエフェクト機能

　ビデオ通話で利用できるエフェクト機能は近年のアップデートにより、実に様々な種類の効果をかけられるようになりました。いろいろなエフェクトをかけてビデオ通話をさらに楽しみましょう。

  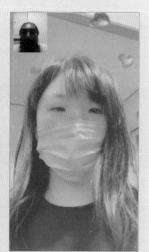

LINEミーティングで
グループ通話を楽しむ

　「LINEミーティング」は、指定のURLにアクセスするだけで同時に最大500人までビデオ通話を行うことができる機能です。URLを発行し共有することで、グループ通話を行うので、メンバーにLINEを利用してない人がいても、使うことができるのが最大のメリットです。スマートフォン、パソコン両方で利用でき、URL発行などの操作も簡単に行うことができます。その名の通り、プライベートではもちろん、ビジネスシーンでも役に立つオンラインミーティング機能です。

LINEミーティングを利用する

1 アイコンをタップする

❶タップ

❷タップ

LINEのトークタブを開き右上の「トーク作成」アイコンをタップ。表示されたメニューの「ミーティング」をタップしましょう。

2 ミーティングを作成する

タップ

LINEミーティングの作成ページが表示されます。「ミーティングを作成」をタップしましょう。

3 ミーティング名を変更する

❶タップ

❷ミーティング名を入力

❸タップ

ミーティング名横の「ペンマーク」をタップし、わかりやすいようにミーティング名を変更しましょう。「保存」をタップすると完了します。

4 LINEの友だちを招待する

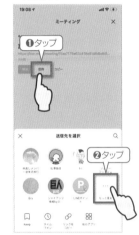

❶タップ

❷タップ

ミーティングを作成したらメンバーを決めます。「招待」をタップします。「もっと見る」をタップして友だち・グループのリストを表示し、招待する相手を選択し転送しましょう。

5 LINEを使っていない友だちを招待する

友だちになっていない相手やそもそもLINEを使っていない相手に共有する場合は「コピー」をタップして、メールやSMSなどに貼りつけてURLを送信します。

6 ミーティングを開始する

開催時間になったらミーティングを開始しましょう。ミーティング作成者はミーティングリストの「開始」ボタンをタップすればミーティングに参加できます。

7 ミーティングに参加する

タップ

ミーティングへの招待をLINEのトーク、またはメールで受け取ったら添付されたURLをタップします。これでミーティングに参加できます。

ここがポイント

ミーティングを削除する

作成済みのミーティングリストが表示されます。削除は右から左へスワイプし、「削除」をタップします。

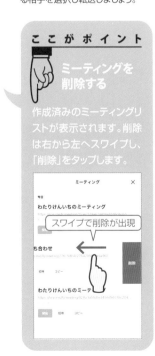

スワイプで削除が出現

背景や画像を加工してミーティングに参加する

ミーティングでビデオ通話で会話をすることになったものの、自宅の部屋が汚れているので写したくない、そもそも顔は写したくない、そんなときは通話を開始する前に加工処理をしましょう。あらかじめ用意されたパターンを利用することで背景を変更したり、顔をアバターに置き換えたり、エフェクトをかけて綺麗に見せたりと、状況に合わせて自分の映像を加工することができます。

1 カメラに映る画像を加工する

URLをクリックしてミーティングの画面が起動したら、通話をはじめる前にエフェクトを設定します。「背景」「フィルター」「アバター」を選んでタップしましょう。設定が終わったらカメラをオンにして通話を開始します。

背景あり

あらかじめ用意されている背景画像を選択します。部屋が汚れていて写したくないときなどに重宝します。

フィルターあり

明るさなど、あらかじめ用意されたパターンを選択し、カメラに映る画像にフィルターをかけるのも有効です。

アバターを使う

あらかじめ作成しておいたアバターが顔の位置に表示されます。カメラはオンにしたいが顔を写したくないときに使いましょう。

ミーティング途中に参加者を追加する

LINEミーティングは、途中からメンバーを追加することができます。追加方法は簡単です。ミーティング作成時の操作と同様の手順でLINEの友だちを招待したり、メールにURLを添付して友だち以外を追加したりすることができます。話が盛り上がる中で新たに招待したい友だちが増えたりしたならば、気軽に招待してみましょう。

1 メンバーを途中で追加する

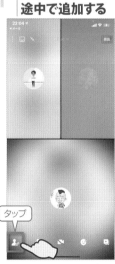

通話の途中に画面の左下に表示されている「人物」アイコンをタップします。

2 URLを共有して招待する

LINEの友だちは「もっと見る」をタップして追加

友だち以外は「リンクをコピー」して添付

最初にメンバーを招待したのと同じ手順で、ミーティングURLを共有しましょう。「リンクをコピー」をタップしてメールで添付し友だち以外を招待することも可能です。

ユーザーを途中退出させる

大勢でミーティングをしていて迷惑行為をするユーザーがいるとき、オンラインで飲み会をやっていたもののいつの間にか通話をしたまま寝てしまった友だちがいたとき、そんなときは参加メンバーを途中退出させることができます。設定画面から参加メンバーの一覧を表示し、「削除」をタップしましょう。

1 参加メンバーを表示する

❶タップ
❷タップ

ユーザーを退出させたいときは、通話画面で左上のアイコンをタップし、設定画面が表示されたら「参加メンバー」をタップします。

2 「削除」をタップする

タップ

通話に参加しているメンバーが表示されます。名前の横の「削除」をタップしてユーザーを退出させます。

「画面シェア」機能を
楽しむ

　「画面シェア」機能は、YouTubeの動画やスマートフォンの画像を見ながら通話ができる機能です。1対1、複数に関わらず通話相手と一緒に動画を視聴するので、スマートフォンのスピーカーからは、友だちの声と動画の音声が同時に再生されます。お気に入りの動画を共有することで、離れている家族や友だちと一緒に盛り上がりましょう。

動画を検索して視聴する方法

1 通話を開始する

動画を共有したい相手と通話を開始します。音声通話、ビデオ通話どちらでも可能ですが、簡単に操作するには一旦ビデオ通話を選択するのがおススメです。

2 「画面シェア」をタップする

通話が開始されたら「画面シェア」をタップしましょう。1対1のトークの場合は、ビデオ通話のみにボタンがあります。

3 「YouTube」をタップする

シェアできるのは「YouTube」と「自分の画面」です。今回は「YouTube」をタップします。

4 動画を検索する

動画検索ページが表示されます。キーワードを入力して視聴したい動画を探します。

5 動画の視聴を開始する

見たい動画を見つけたらタップ。確認メッセージが表示されたら「開始」をタップしましょう。

6 みんなで動画を視聴する

これでみんなで動画を視聴することができます。通話したままの状態で動画を楽しめます。

7 動画の視聴を終了する

「画面シェア」機能を終了するときは「×」をタップします。動画が終了しても通話は維持されます。

POINT

動画視聴はデータ通信量に注意

動画の視聴はデータ通信量を消費します。共有中は視聴をしている友だち全員がそれぞれ動画にアクセスすることになるので、通話相手のデータ通信量にも注意しましょう。参加メンバー全員が快適に視聴できるタイミングで視聴するようにしましょう。

動画のURLをコピーして視聴する方法

　みんなで見たい動画が決まっている場合は、YouTube動画のURLをあらかじめコピーして動画視聴をする方法がおススメです。通話を開始する前にまずはYouTubeのアプリで、みんなで見たい動画を探します。動画をみつけたら「共有」→「コピー」をタップします。

これで準備完了です。あとはLINEでグループ通話をスタートすると、通話画面の下部にコピーした動画のバナーが表示されるので、タップして「開始」を選択しましょう。

1 動画のURLをコピーする

YouTubeアプリで見たい動画を見つけたら「共有」→「コピー」をタップしましょう。

2 グループ通話を開始する

LINEアプリを起動して動画を一緒に見たいグループで、通話を開始します。音声通話、ビデオ通話はどちらでもOKです。

3 バナーをタップする

グループ通話がスタートすると、画面の下部に動画のバナーが表示されるのでタップして「開始」を選択しましょう。

4 動画をみんなで見る

YouTubeの動画が再生されます。みんなで会話をしながら視聴しましょう。

シェアした動画から視聴をする方法

　LINEのグループトーク内にYouTube動画を貼りつけている場合は、タップするだけで簡単に画面シェアを利用できます。トークの最中に動画をシェアしたくなったときや、時間がないときに動画を貼りつけておけば、後でメンバーの都合が合う際に素早く動画をシェアすることができるのでお勧めです。

1 「画面シェア」をタップする

グループのトークルームに共有された動画の下にある「通話しながら画面シェア」をタップしましょう。

2 開始する

「音声通話」または「ビデオ通話」を選んでタップします。通話が開始されると同時に動画が共有されます。

通話

P OINT スマートフォンの画面を共有する方法

　グループ通話では動画をシェアするだけではなく、自分のスマートフォンの画面をみんなで共有することもできます。iPhoneでは通話画面の右下のアイコンをタップし、「画面シェア」を選択。「ブロードキャストを開始」をタップすれば共有が開始されます。Androidでは、iPhone同様右下のアイコン→「画面シェア」をタップ。メッセージが表示されたら「開始」をタップします。画面共有中は、スマートフォンの画面がすべて通話相手に共有されるのでセキュリティには十分に注意しましょう。

困ったを解決する通話のQ&A

Q. トーク中に電話に切り替えられる?

A. 音声通話にもビデオ通話にも切り替え可能です。

LINEで友だちとトークのやり取りが長くなってしまって音声通話に切り替えたくなったユーザーは多いと思います。LINEの音声通話はトークルームから直接トーク相手の友だちへ発信することができます。また、音声通話中もトークを続けることもできるため、例えば、音声通話で話したスタンプを通話中に送ったり、会話に合わせてスタンプを送ったりすることも可能です。音声通話とトークを併用することで友だちとより楽しいコミュニケーションがとれるようになります。

1 「通話」アイコンをタップする

友だちとのトークの最中に通話に切り替えたくなったら、トークルーム上部にある「通話」アイコンをタップします。

2 「ビデオ通話」か「音声通話」を選ぶ

音声のみの「音声通話」か「ビデオ通話」のどちらかをタップすると相手を呼び出すので少し待ちます。トーク相手が応答したら通話開始です。

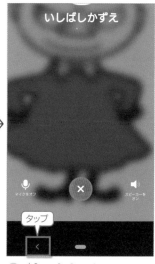

3 トークルームに戻る

iPhoneは通話画面の「→←」をタップ、Androidは「戻る」キーをタップしてLINEの操作画面に戻り、トークルームを開きます。

Q. ビデオ通話に音声通話で応答できる?

A. 可能です。ただしiPhoneは簡単な事前設定が必要です。

ビデオ通話はかかってくる時と場所によっては困りものになってしまいます。そんな時は音声通話でビデオ通話に応答しましょう。ビデオ通話に音声通話で応答すると自分は音声通話、相手はビデオ通話の状態で通話できるようになります。また、途中でビデオ通話に切り替えることもできます。Androidでは、そのままカメラオフで受信することができますが、iPhoneでは事前に設定を変更しておく必要があります。

1 iPhoneは事前に設定をしておく

メインメニュー「ホーム」→「設定」→「通話」を順番にタップして、「iPhoneの基本通話と統合」をオフにします。

2 音声通話で応答する

ビデオ通話がかかってきたら、「カメラをオフ」をタップします。

3 カメラがオフの状態で通話

ビデオ通話に音声通話で応答すると通話相手の映像のみ画面に表示されます。自分は音声通話、相手はビデオ通話の状態で通話します。

Q. iPhoneの連絡先からでもLINE通話はできるの?

A. iPhoneの基本通話とLINEの通話機能を統合すれば可能です。

LINEにはiPhoneの通話機能とLINEの通話機能を統合する設定があります。この機能を利用すればLINEアプリを使わずiPhoneの連絡先から直接LINEの通話が可能です。ただし、利用をするためにはiPhoneの連絡先とLINEの友だち登録を統合する必要があります。また、機能をオンにすることでロック画面やホーム画面でもLINEの通話を受けることができるようになります。

1 「iPhoneの基本通話と統合」をオン

メインメニュー「ホーム」→「設定」→「通話」を順番にタップします。「iPhoneの基本通話と統合」をオンにします。

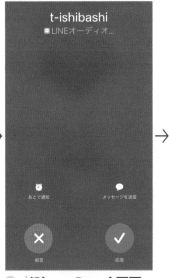

2 iPhoneのロック画面でLINE通話を受ける

LINE通話がかかってきた場合、iPhoneのロック画面やホーム画面でLINEの通話を受けることができます。

3 iPhoneの連絡先からLINE通話をかける

iPhoneの連絡先に登録しているLINEの友だちにiPhoneの連絡先からLINEで通話できます。

Q. ビデオ通話中のサブ画面が邪魔だけど、どうにかできない?

A. 位置を変えたり、2画面表示にしてみましょう。

ビデオ通話中に自分が映っている内側カメラのサブ画面は通話相手の場所や角度によってまれに邪魔になったりします。そんなときは内側カメラの配置を指でスライドして動かしましょう。内側カメラは画面の四隅に配置することができるほか、メインウィンドウと画面表示を切り替えたり、画面表示を上下二分割で表示したりすることができます。また、スマホの内部カメラと外部カメラを切り替えることも可能です。

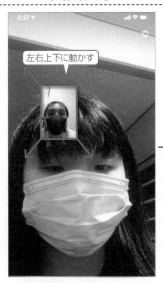

1 内側カメラの位置を動かす

内側カメラのウィンドウを指でスライドすると位置を動かすことができます。配置できる場所は画面の四隅です。

2 ウィンドウを切り替える

内側カメラのウィンドウをタップするとメインウィンドウと内側カメラのウィンドウが切り替わります。

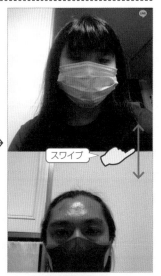

3 画面表示を二分割で表示

ビデオ通話中に画面を上下どちらかにスワイプすると画面表示を上下に二分割で表示することができます。

困ったを解決する 通話 のQ&A

Q. グループトークからグループ通話に切り替えられる?

A. グループトークからグループ通話への切り替えもできます

グループトークでは、グループに参加している複数のメンバーで「グループ音声通話」を行うことができます。最大200人のメンバーと同時通話が可能です。トークルームで「グループ音声通話」を実行すると、メンバーには通知が届き、トークに「グループ音声通話」参加リンクが表示されます。この際、通常の無料通話のように呼び出し画面は現れず、呼び出し音も鳴りません。

1 「電話」アイコンから「音声通話」を選択

トークルームの「電話」→「音声通話」を順番にタップします。トークルームに「グループ音声通話」のリンクが送信されます。

2 「グループ音声通話」のリンクから通話に参加

受信した側は表示されたメッセージの「参加」をタップすることで「グループ音声通話」に参加できます。

3 複数のメンバーと同時通話が可能

複数メンバーと同時通話が可能です。基本的な操作は「無料通話」と同じです。

Q. LINEの通話機能を一切使いたくない場合はどうする?

A. LINE通話の着信許可をオフに設定します

LINEの通話機能を一切使いたくない場合は、通話の着信許可をオフに設定します。通話の着信許可をオフに設定すると、LINEの友だちからの音声通話はもちろん、ビデオ通話やIP通話も含むLINEからの通話の着信すべてを拒否することができます。通話機能をオフ状態で音声・ビデオ通話の着信があった場合はトークルームに応答不可のメッセージが表示されます。

1 「通話」をタップする

メインメニュー「ホーム」→「設定」→「通話」を順番にタップします。

2 「通話の着信許可」をオフに設定する

「通話」の設定画面の「通話の着信許可」をオフに設定します。

3 LINEからの着信を一切拒否

LINEからの着信が一切拒否されます。LINE通話の着信許可がオフの状態で着信があると、応答不可のメッセージが画面に表示されます。この機能はあくまで着信のみを拒否する機能です。こちらから発信する場合は通常通り通話できます。

PART 3

Q. LINEの着信音って1種類しかないの?

A. 複数あります。お気に入りのものに変更しましょう。

LINEの着信音は最初に設定されているものを含め合計4種類がデフォルトで用意されています。またLINE MUSICを利用している場合は、連動させLINE MUSICの中からお気に入りの楽曲を選択することも可能です。着信音の変更は、LINEの通話設定から行うことができます。気分に合わせて変更したり、自分が聴きやすいものに変更したりすると良いでしょう。着信音だけでなく、同様の手順で「呼出音」の変更も可能です。

1 「通話」をタップする

着信音や呼出音の設定をするには、LINEアプリの「ホーム」→「設定」→「通話」の順でタップをしていきます。

2 「着信音」をタップする

通話の設定画面が開いたら「着信音」「呼出音」の変更したいものをタップします。

3 着信音を選んでタップ

デフォルトで用意された音は4種類。好きなものを選んでダウンロードして設定しましょう。

Q. 通話がうまくできないのだけど、スマホが悪いの?

A. 「通話機能テスト」でトラブル原因を確認しましょう

無料で利用できるので電話の代わりにLINEの通話機能を使っている人も多いと思います。そのため通話の不調は大きなストレスになります。多くの場合は設定に問題があることが多いですが、中にはスマートフォン自体の不調が原因となる場合があります。「通話機能テスト」を行えば、マイク、スピーカー、カメラの動作を確認し、トラブルの原因を手早く確認することが可能です。

1 「テスト通話」をタップする

「ホーム」→「設定」→「通話」→「通話機能テスト」をタップします。

2 テスト結果を待つ

自動的に通話機能のテストが開始されるので待ちましょう。テストは数秒で終わります。

3 結果をチェックする

結果をチェックします。マイク、スピーカー、インカメラに異常がなければそれぞれに「レ」が入ります。

銀行口座を登録する必要のない
「スマホでかんたん本人確認」が便利!

　LINEでは一部の機能を利用するためには、本人確認が必須な場合があります。LINEの本人確認は、銀行口座を登録する方法もありますが、おススメはマイナンバーカードや免許証、パスポートなどを使いスマートフォンで行える「スマホでかんたん本人確認」の利用です。マイナンバーカードであれば読み取るだけ、免許証などの場合はカメラで読み取りアップするだけです。なお確認時にはメールアドレスの登録は必須となるので、あらかじめ設定を行っておきましょう。

1 LINE Payの設定を開く

「ウォレット」→「LINE Pay」をタップしたら画面の下までスクロールをして「設定」→「本人確認」をタップします。

2 日本国籍か外国人かを選ぶ

「スマホでかんたん本人確認」画面が開きます。日本国籍かそれ以外を選んでタップしましょう。

3 メールアドレスを設定する

メールアドレスを設定していないと進めません。登録を求められたら行いましょう。

4 方法を選んで本人確認をする

かざしてすぐ本人確認

マイナンバーカードを読み取って本人確認を行います。審査もなくすぐに本人確認が可能です。

「かざしてすぐ本人確認」か「写真で本人確認」を選んでタップします。

写真で本人確認

運転免許証やパスポートなどの本人確認証をスマートフォンのカメラで撮影してアップします。

4

ウォレット

ウォレットには、PayPayのようにQR決済ができる
「LINE Pay」をはじめ、1ポイント=1円で
利用できる「LINEポイント」などの機能があります。
お店での支払い以外にも、友だちに送金できたり、無料でポイントを
貯められるサービスなど、さまざまな機能があります。

PART 4 で学ぶこと

ウォレット

LINE Payを導入する

「トーク」や「通話」といったコミュニケーションツールとしてのLINEとは一線を画す機能の「ウォレット」ですが、LINE Payは同じLINEアプリ内で簡単に利用できるため、キャッシュレス決済の入門に最適です。ここではLINE Payの導入方法を解説します。

96〜97
ページ

98〜101
ページ

105〜107
ページ

実際にLINE Payを使ってみる

　LINE Payにお金をチャージしてからお店で支払うまでの使い方を細かく解説します。チャージの方法は複数あり、それぞれの特徴と方法を解説するので、自分にあった方法を選びましょう。実際の支払いはお店のレジで焦らないように本書を見ながら予習をするのがおススメです。

その他のウォレットの機能

「ウォレット」には、そのほかにもお金にまつわる機能が盛りだくさん。その中でも簡単に利用可能で便利な「LINEマイカード」と「LINEポイント」をご紹介。LINEの必須機能ではありませんが、どちらも便利で生活に役立つものなので、ぜひ利用してみましょう。

お金にまつわるLINEの便利な機能!

メインメニュー「ウォレット」の機能をチェックしよう

LINEの「ウォレット」でキャッシュレス決済サービスである「LINE Pay」をはじめ、LINEのお金にまつわる色々な機能を利用することができます。LINEアプリのみで利用できるものも多いですが、性質上新たに登録をしたり、アプリをインストールして利用するものもあります。まずは「ウォレット」で何ができるか確認しましょう。

「ウォレット」の画面構成

「ウォレット」画面

❶ウォレット/資産
タップして「ウォレット」「資産」タブの切り替えを行います。

❷LINE Pay
タップすると「LINE Pay」が開きます。ログインした状態だとチャージ残高、コード読み込みや表示へのショートカットが表示されます。

❸LINEポイントクラブ
LINE Payでの買い物で利用できるポイントを獲得したり、履歴の確認を行うLINEポイントクラブのページに移動します。

❹ポイントカード/会員証
LINEとの連携に対応しているお店のポイントカードや会員証をLINEへリンクできます。

❺証券
LINE証券の取引サイトへのリンクです。

❻もっと見る
その他のウォレットのサービスが表示されます。中には登録しないと利用できないものや他のアプリが必要なものもあります。

❼お得情報
ポイントやチラシなどのお得な情報が並びます。下にスワイプしてさまざまな情報を見ることができます。

「資産」画面

❶ウォレット/資産
タップして「ウォレット」「資産」タブの切り替えを行います。

❷資産合計
LINEウォレットに登録されている資産額の合計が表示されます。

❸更新ボタン
タップすると最新の情報に更新されます。

❹LINE Payの資産
LINE Payにチャージされている残高が合計資産として表示されます。利用していない場合は表示されません。

❺LINE BITMAXの資産
LINE BITMAX(ラインビットマックス)とは、LINEアプリ上で暗号資産取引ができるサービスです。その資産が表示されます。

❻LINEポイント
保有しているLINEポイントが表示されます。

❼LINE BITMAX WALLET開設
LINE BITMAXを利用する際に必要なWallet開設ページのショートカットです。

LINE Payを登録して モバイル決済を利用しよう

　LINE Payは、LINEアプリに組み込まれたモバイル決済サービスです。「ウォレット」の最も重要な機能で、サービスに対応したお店での支払いや送金、出金などさまざまな便利機能を備えています。登録も簡単で、LINEアプリのみで利用可能なので、ぜひ使ってみましょう。

LINE Payとは? まずはできることをチェックしよう

　LINE Payを利用をするには、支払い方法の登録などいくつか準備が必要ですが、それさえ行えば新たにアプリをダウンロードしたりする手間も不要で、実際のお店で買い物をすることが可能になります。

　また支払いだけでなく出金や送金、銀行振り込みなどの機能も備えており、モバイル決済サービスの入門としてもオススメです。まずはLINE Payに備わった機能をチェックしてみましょう。

決済に使う

実際のお店やオンライン、請求書などで支払いを行う機能です。支払いを行うには、あらかじめ残高をチャージするか、Visa LINE Payクレジットカードを登録し、紐付けして支払いができるようにする必要があります。

送金・送金依頼をする

LINE Payを利用しているLINEの友だち同士で利用可能です。LINE Payを使って実際に送金したり、必要な金額の送金の依頼をすることができます。

出金する

チャージした残高を出金することができます。出金は、セブン銀行または登録した自身の銀行口座に行います。利用には、本人確認が必要で、220円の手数料がかかります。

利用状況を確認

利用レポートでは、チャージや実際に決済で利用した過去の履歴を確認することが出来ます。グラフでわかりやすく表示してくれるので、視覚的に入出金の状況を確認することができます。

LINEアプリからLINE Payアカウントを登録する

　LINE Payを利用するためには、事前にアカウントを登録してパスワードを設定する必要があります。アカウントの登録はLINEアプリで行うことができるので、新たに専用のアプリをダウンロードするなどの手順は必要ありません。注意したい点としては電話番号が未登録になっているLINEでは、LINE Payを利用できませんのであらかじめ登録はしておきましょう。

1 「LINE Payをはじめる」をタップする

LINE Payアカウントの取得は、LINEアプリのメインメニュー「ウォレット」をタップして「LINE Payをはじめる」をタップしましょう。

2 「はじめる」をタップする

説明画面が表示されます。「はじめる」をタップしましょう。

3 規約に同意する

利用規約、プライバシーポリシー、情報提供ポリシーの同意が求められます。「＞」をタップして内容を確認したら「すべてに同意」にチェックをして「新規登録」をタップします。

4 登録が完了 LINE Payに戻る

端末によってはコンテンツを推薦するページが表示されます。いったん「×」をタップしてページを閉じましょう。

LINE Payの画面構成

❶設定
　LINE Payの設定画面です。登録情報やパスワードの変更をはじめ、LINE Payに関するさまざまな設定を変更できます。

❷お知らせ
　LINE Payに関するお知らせが表示されます。

❸×（閉じる）
　LINE Payの画面を閉じてウォレット画面に戻ります。

❹残高
　LINE Payで使用可能な金額の残高が表示されます。

❺残高詳細
　LINE Pay残高、LINE Payライト残高、LINEポイントなど残高の詳細を確認できます。

❻＋（チャージ）
　LINE Pay残高をチャージすることができます。

❼初心者向けガイド
　初心者向けのガイドがまとめられたページへのリンクです。

❽支払い
　実際の店舗での決済の際に利用可能なコードを作成します。

❾カード情報
　登録されたLINE Payプリペイドカードの情報を確認します。

❿送金
　LINEの友だちに送金したり送金を依頼できる機能です。

⓫＋（チャージ）
　LINE Pay残高をチャージすることができます。❻と同じです。

⓬請求書払い
　公共料金など対応している請求書の支払いができます。

⓭Apple Pay
　Apple PayとLINE Payと連携させるページへのリンクです。

⓮特典クーポン
　LINE Payでの決済時に使えるクーポンを表示します。

⓯支払い履歴
　LINE Payでの支払いの履歴を確認できます。

⓰利用ガイド
　初心者向けのガイドがまとめられたページへのリンクです。❼と同じです。

⓱口座登録
　LINE Payで利用可能な銀行口座を登録する画面のリンクです。

⓲借りる
　LINEでお金が借りられるLINEポケットマネーのページへのリンクです。

⓳キャンペーン
　お得なキャンペーンページの一覧ページへのリンクです。

LINE Payにチャージして残高を増やす

　LINE Payで支払いや送金をするには、アカウントにお金を入れる「チャージ」が必要になります。LINE Payのチャージ方法は5つ。「銀行口座」「セブン銀行ATM」「ファミリーマート」「ローソン銀行ATM」「オートチャージ」です。自分の使いやすいチャージ方法を選択しましょう。

LINE Payに用意された代表的なチャージ方法

銀行口座

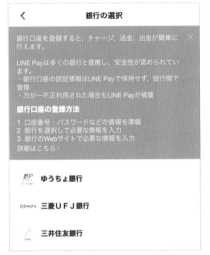

あらかじめ登録をした銀行口座からチャージをする方法です。スマホひとつでいつでもどこでもチャージできる手軽さの反面で、銀行口座をLINE Payに登録する必要があります。

セブン銀行ATM

セブンイレブンに設置されているATMでチャージをする方法です。実際にセブンイレブンの店舗に向かいATMを操作する必要があります。

ファミリーマート

ファミリーマートに設置されたマルチコピー機でチャージを行う方法です。セブンイレブン同様、実際に店舗でコピー機を操作する必要があります。

ローソン銀行ATM

ローソンに設置されているATMでチャージをする方法です。実際にローソンの店舗に向かいATMを操作する必要があります。

オートチャージ

あらかじめ金額を設定し、チャージ残高がその金額を下回ると自動的にチャージします。銀行口座からチャージをすることになるので、銀行口座の登録が必須となります。

POINT

コンビニチャージが手軽で安心!

　セキュリティが気になる人、または手順が面倒なので銀行口座を登録したくない人は、コンビニチャージがおススメ。キャッシュレスサービス自体もコンビニで利用できるので、手軽に始められるのもLINE Payの強みです。

コンビニで残高をチャージする

　登録や手続きをすることなく、導入直後から手軽に利用可能なチャージ方法がコンビニを利用したチャージです。セブンイレブン、ローソン、ファミリーマートの主要3社で、最低1,000円からチャージ可能で、実際の店舗での操作が必要となります。銀行口座の登録を行わない場合は基本のチャージ方法となるため必ずマスターしましょう。

1 「チャージ」をタップする

LINE Payにコンビニでチャージをする場合は、LINE Payの残高の横の「+」をタップしましょう。

2 チャージ方法を選んでタップ

チャージ方法が表示されるので選んでタップしましょう。セブンイレブンなら「セブン銀行ATM」、ファミリーマートなら「ファミリーマート」を選択します。

3 セブンイレブン、ローソンでチャージ

セブンイレブンは、店舗のATMで「スマートフォンで取引」を選択し、指示に従いましょう。ローソンでの操作方法もほとんど同じです。

4 ファミリーマートでチャージする

ファミリーマートは、スマホ上でチャージ金額を入力し、「受付番号・予約番号を発行」をタップ。あとは実際の店舗のマルチコピー機を操作し、レジで支払いを行います。

銀行口座を登録して口座から残高をチャージする

　LINEに銀行口座をあらかじめ登録すると本人確認ができると同時に、LINE Payのチャージにも利用することができます。銀行口座からチャージする最大のメリットは、スマホひとつでチャージを完了できることです。登録が完了したらチャージ画面より「銀行口座」を選択してチャージしたり、金額を設定してオートチャージを利用できるようになりますので、ぜひ活用しましょう。

1 「口座登録」をタップする

銀行口座を登録するためには、まずLINE Payの「銀行口座」をタップしましょう。

2 銀行を選択する

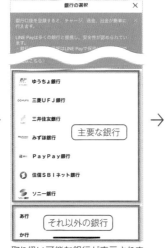

取り扱い可能な銀行が表示されます。主要な銀行は上段に、そこにない地方銀行などを探す場合は下段の行をタップして探しましょう。

3 必要情報を登録する

氏名、生年月日、住所などの個人情報の入力が求められるので入力をし、全ての入力が終わったら「次へ」をタップしましょう。

4 銀行口座の情報を登録

各銀行のサイトに繋がります。銀行ごとに画面が異なりますので、画面の指示に従い必要情報を入力すれば銀行口座の登録は完了です。これでチャージに利用できます。

重要!!

LINE Payを使って支払いをする

LINE Payを使った実際の買い物は、事前にLINE Payにチャージをした残高から差し引かれることで行われます。まず残高の確認はしっかりと行っておきましょう。支払い方法は大きく分けて2つ。お店にコードを読み取ってもらう方法と、指定されたコードを読み取る方法があります。どちらでも対応できるようにしておきましょう。

LINE Payの残高確認方法

LINE Payで実際に買い物を行う際にはあらかじめチャージをしておいた残高かLINEポイントが必要になります。残高が不足していると差額を現金で支払ったり、買い物自体ができないことがありますので、必ず残高はチェックしておきましょう。

1 LINE Payの残高を確認する

LINE Payの残高は、LINE Payのページの上に表示されています。

2 残高の詳細を確認する

「残高詳細」で、チャージ残高、ポイント残高などの詳細を確認することも可能です。

POINT

クレジットカードを利用してチャージできる?

現在LINE Payではクレジットカードを利用した残高チャージはありません。ただしLINE Payに、「Visa LINE Payクレジットカード」など専用のカードを登録することでチャージ不要での支払い「チャージ&ペイ」を利用することができます。登録の手順は初心者には難しい面も多いので、必要性を感じるようになったときに利用しましょう。

POINT

銀行口座を登録済ならオートチャージもおススメ

LINE Payの利用に慣れてきたら銀行口座を登録してオートチャージを利用するのもオススメです。口座の登録に抵抗がある方はチャージの手間をかけるしかありませんが、そこをクリアして利用していれば便利な機能です。オートチャージはあらかじめ金額を設定、そこを下回ると自動的に銀行口座よりチャージされる仕組みになっています。

オートチャージを利用するには、銀行口座の登録が必須

お店でLINE Payで支払いをしよう

LINE Payの支払いの基本となるのが「コード支払い」です。主な利用方法は、LINE PayでQRコードやバーコードを生成、お店に読み取ってもらう方法と、提示されたバーコードを自分で読み取る2種類の方法があります。ともに基本となる操作で、お店によって利用方法が異なりますので、必ずマスターしておきましょう。

1 コードを表示させて支払う方法

LINE Payの画面の「支払い」をタップすると自動的にコードが作成され画面に表示されます。あとはスマートフォンの画面をお店に提示して読み取ってもらいましょう。

2 コードを読み取って支払う方法

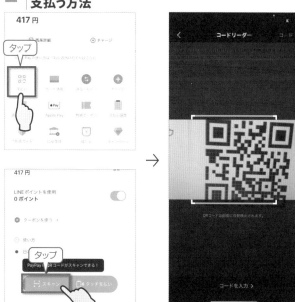

LINE Payの画面の「支払い」をタップ。移動した画面の「スキャン」をタップし、コードリーダーでQRコードを読み取ります。

LINE Payの請求書支払い

対応している一部企業や公共料金の請求書は、LINE Payでの支払いが可能です。自宅に送付された請求書のバーコードをLINE Payで読み取り支払いをしましょう。

請求書のバーコードを読み取る

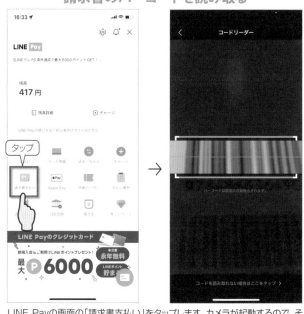

LINE Payの画面の「請求書支払い」をタップします。カメラが起動するので、そのまま支払いをしたい商品のQRコードやバーコードを読み取りましょう。

LINE Payのネット支払い

LINE Payは、支払い方法にLINE Payが対応しているネットショップの支払いにも利用することができます。支払い時に表示された「LINE Pay」を選択しましょう。

ネットでの支払いに利用する

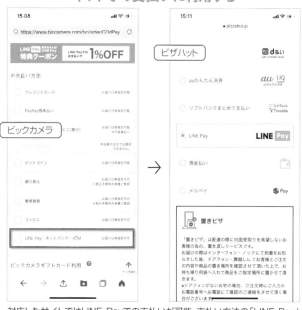

対応したサイトではLINE Payでの支払いが可能。支払い方法の「LINE Pay」を選択して各サイトの指示に従いましょう。

LINE Payで
友だちに送金する

　LINE Payの送金機能なら、LINE Payの設定で銀行口座を登録、本人確認さえ済ませてしまえば手数料無料でスマートフォンだけでLINEの友だちに送金ができます。送金は一日最大10万円まで、送金が完了すると送った友だちとのトークルームにメッセージが表示され、すぐに友だちのLINE Pay残高に反映されます。

送金機能を利用して友だちに送金する

1 「LINE Pay」の「送る」をタップ

「ウォレット」タブを開いて「送る」をタップします。送金機能を利用するには本人確認が必要です。

2 「送る」をタップする

「送る」をタップしましょう。「銀行口座に振込」で直接友だちの口座に振込むことも可能です。

3 送金する友だちを選択する

LINEの友だちリストが表示されます。送金したい友だちを選択してタップします。

4 金額を設定して送金する

画面の下に表示されたテンキーで送金する金額を入力します。上部に表示された金額を確認して「次へ」をタップします。

5 「送金・送付」をタップする

送金の際に送られるメッセージを入力しスタンプを選択したら「送金・送付」をタップします。

6 送金が完了する

確認メッセージが表示されます。「確認」をタップすれば送金が実行されます。

Ｐ OINT

銀行口座への振り込みも可能

　LINE Payの送金機能を利用すれば、LINEを利用していない知り合いの銀行口座への振り込みや、残高を自身の口座へと振り込みすることもできます。操作方法は、最初の「送金」画面で、「口座に振込」をタップするだけです。後は、ATMで銀行に振り込む感覚で、振込先の情報を入力していきます。

LINE Payで友だちに送金依頼する

　"立替えていたお金が今必要になった""貸していたお金を送金してもらう"など、友だちにLINEで支払いをお願いできるのが「送金依頼」機能です。依頼時にLINEキャラのメッセージカードを添えて伝えるので実際には言いづらいお金の話も伝えやすいのが強みです。

LINEの友だちに送金依頼をする

1 「LINE Pay」の「送る」をタップ

「ウォレット」タブを開いて「送る」をタップします。送金機能を利用するには本人確認が必要です。

2 依頼をする友だちを選ぶ

「もらう」をタップし、表示されたリストから送金する友だちを選んでタップします。

3 送金依頼の金額を設定

送金を依頼する金額を入力し「次へ」をタップします。

4 メッセージを入力して送信

画面が切り替わったら同時に送信するメッセージを入力し、スタンプを選択して「送金・送付を依頼」をタップしましょう。

送金依頼を受取ったときは…

1 送金依頼を受けると

友だちから送金依頼が届くとトークルームに表示されます。タップして詳細を確認しましょう。

2 「送金・送付」をタップ

メッセージなどが記載された詳細が表示されます。LINE Payで送金できる場合は「送金・送付」をタップしましょう。

3 「確認」をタップする

送り主が本当に友だちか確認のメッセージが表示されます。問題なければ「確認」をタップしましょう。

4 パスワードを入力する

パスワードの入力を求められたら入力しましょう。これで送金依頼に応じて友だちに送金ができます。

ウォレット

LINE Payの残高を
銀行口座に振り込んで現金化しよう

　LINE Payにチャージした残高は登録した銀行口座やセブン銀行ATMを使って出金/現金化することができます。出金には共に220円の手数料がかかるほか、それぞれ出金の限度額が定められていますが、それさえクリアすれば簡単に現金化が可能です。

セブン銀行のATMから出金する方法

1 「設定」を タップする

LINE Payを起動したら「設定」アイコンをタップします。

2 「出金」を タップする

設定画面が開いたら「出金」をタップしましょう。

3 「セブン銀行 ATM」をタップ

「セブン銀行ATM」をタップします。

4 ATMの前で 操作をする

実際のATMの前で、QRコードを読み込み画面の指示に従い操作をしましょう。

登録した銀行口座に出金する方法

1 「設定」を タップする

LINE Payを起動したら「設定」アイコンをタップします。

2 「出金」を タップする

設定画面が開いたら「出金」をタップしましょう。

3 口座を登録 して出金

銀行口座を登録して、その口座を選んで出金しましょう。

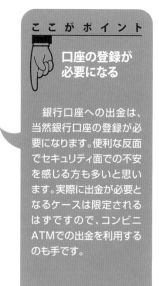

ここがポイント

口座の登録が 必要になる

　銀行口座への出金は、当然銀行口座の登録が必要になります。便利な反面でセキュリティ面での不安を感じる方も多いと思います。実際に出金が必要となるケースは限定されるはずですので、コンビニATMでの出金を利用するのも手です。

PART 4

ウォレットの LINEマイカードを利用する

「ウォレット」にあるLINEマイカードでは、対応したお店のポイントカードや会員証を管理することができます。ポイントがたまるだけでなく、実際のカードを発行することなく利用できるので、自分の財布がスッキリするなどメリットも多い機能です。

マイカードの登録方法

1 「ポイントカード/会員証」をタップ

スマートフォン上でマイカードに登録するカードを探すときは、まず「ウォレット」を開いて、「ポイントカード/会員証」をタップしましょう。

2 「カードをさがす」をタップする。

LINEマイカードのページが開いたら下にスクロールして、「カードを探す」をタップします。

3 カードを登録する

登録できるカードが一覧で表示されます。登録したいカードが見つかったら「+」をタップして登録しましょう。

ここがポイント

実店舗でQRコードでプラスする場合も

飲食店などの実店舗で実際にQRコードでカードを登録する場合もあります。その場合は友だち登録の方法同様、スマートフォンのコードリーダーを起動し、QRコードを読み込んで登録しましょう。同時に友だち登録され、お店の情報などが送られてくることも多いので、あまり利用しない場合は削除することも考えましょう。

マイカードのページをカスタマイズする

1 「並び替え・削除」をタップする

マイカードの並び替えや削除を行いたい場合は、「LINEマイカード」のページの右下にある「並び替え・削除」をタップします。

2 カードを並び替える

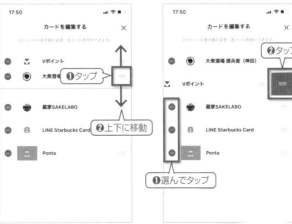

並び替えをしたい場合は、並び替えたいカードの右側の3本線をタップしながら、並び替えたい位置に移動します。

3 カードを削除する

削除したい場合は、削除したいカードの左側の「-」をタップ。右側に出現する「削除」をタップしましょう。

ここがポイント

カードの利用方法はさまざま

カードの利用方法や用途は、発行した企業やお店によってさまざまです。本書ですべて解説することは不可能ですので、それぞれカードをタップしたリンク先で確認しましょう。またカードによっては登録の際に個人情報の入力が必要なものもありますので、登録前に必ず発行元の信頼性を確認しましょう。

ウォレット

貯めるとお得な LINEポイントを利用する

「LINEポイントクラブ」は、企業CMの閲覧や友だち追加などの条件をクリアすることでポイントを貯めることができるサービスです。ポイントは「LINE Pay」や「LINEコイン」などに交換したり、スタンプや着せ替えの購入などにも利用できます。コツコツ貯めていくことで生活に役立ったり、無料でスタンプを購入できたりします。

LINEポイントクラブの画面構成

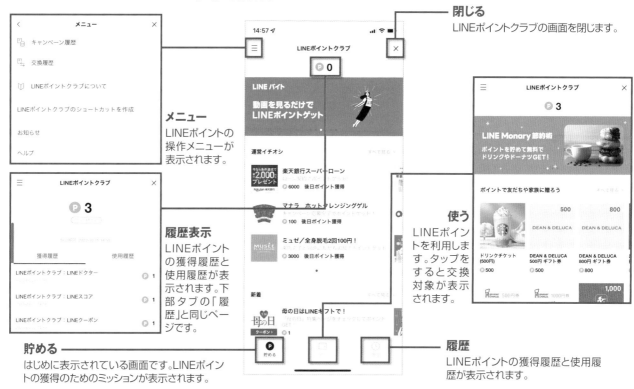

閉じる
LINEポイントクラブの画面を閉じます。

メニュー
LINEポイントの操作メニューが表示されます。

履歴表示
LINEポイントの獲得履歴と使用履歴が表示されます。下部タブの「履歴」と同じページです。

使う
LINEポイントを利用します。タップをすると交換対象が表示されます。

貯める
はじめに表示されている画面です。LINEポイントの獲得のためのミッションが表示されます。

履歴
LINEポイントの獲得履歴と使用履歴が表示されます。

LINEポイントの主な獲得ミッション

友だち追加
指定のアプリやゲーム、企業の公式アカウントを友だち登録してポイントを獲得します。即時ポイントが配布されます。

アプリインストール
指定のアプリ・ゲームをスマホにインストールしてポイントを獲得します。即時ポイントが配布されます。

記事を読む
指定された記事をリンク先で閲覧してポイントを獲得します。中には同時に友だち追加されるものもあります。

お試し会員登録
指定の有料サービスやアプリを会員登録してポイントを獲得します。即時ポイントが配布されます。

動画視聴
指定の動画を視聴してポイントを獲得します。即時ポイントが配布されます。

クレジットカード発行
指定のクレジットカードを発行してポイントを獲得します。ポイント配布まで一定の時間がかかります。

ミッションをクリアしてLINEポイントを集める

1 「ポイントクラブ」を選択して画面表示

メインメニュー「ウォレット」の「ポイントクラブ」をタップすると「ポイントクラブ」専用画面が表示されます。

2 ミッションを選んでタップする

動画の視聴や友だち登録、公式アカウントのキャンペーンなど様々なミッションから、条件が達成可能なものを選んで実行します。

3 条件をクリアしてポイントをゲット

手順2で選んだ条件をクリアすると指定のポイントを入手することができます。

4 LINEウォレットからトークが届く

LINEポイントを獲得すると公式アカウント「LINEウォレット」からLINEトークが届きます。

ミッションをクリアして集めたLINEポイントを交換する

1 「ポイントクラブ」を選択して画面表示

メインメニュー「ウォレット」の「ポイントクラブ」をタップすると専用画面が表示されます。

2 LINEポイントの「使う」をタップ

「LINEポイント」画面から「使う」を選択して、交換したい項目や有料ギフト券を選びます。

3 交換したいものを選んでタップ

交換したい対象が決まったら実行します。

4 公式トーク画面で確認

ポイントの交換が完了すると公式アカウント「LINEウォレット」に通知が届きます。

POINT

LINEポイントの使い方

1ポイント=1円で利用できるLINEポイントですが、実際はどのような使い方、交換先があるのでしょうか? ここではいくつかの具体例を紹介します。

LINE Payの決済に利用する

LINE Payでの決済時に「LINEポイントを使用」を有効にしておけば1ポイント=1円として、チャージした残高にプラスして利用することができます。

LINEギフト券に交換する

LINEギフトは友だちや自分にさまざまなプレゼントを送ることができるサービスです。LINEポイントを利用してサービスを利用できます。

スタンプを購入する

1ポイント=1コイン相当としてLINEスタンプの購入に利用することができます。コインへの変換は自動的に行われるので簡単に利用できます。

マンガやゲームを購入する

LINEマンガやLINE MUSIC、LINEゲームなど、LINE関連サービスのアプリ内の通貨購入の際に利用できます。利用方法は各サービスで確認しましょう。

PayPayポイントに変換する

PayPayを利用していれば、LINEポイントをPayPayポイントに変換できます。変換は最小25ポイントから、決まった4種類の単位で行えます。また変換したポイントをLINEポイントに戻すことはできないので注意しましょう。

困ったを解決する ウォレット のQ&A

Q. LINEで近くのお店のチラシがチェックできるって本当?

A. 「ウォレット」のチラシから確認できます。

「ウォレット」にある「チラシ」では指定した地域のセール、特売情報などのいわゆるチラシを閲覧することができます。別途登録は一切不要、LINEアプリのみで気軽に閲覧できるのが特徴です。地図やエリア、業種でお店を探すだけでなく、マイエリアに自宅を登録することで毎日地域のお得な情報を見たり、お気に入りのお店を登録することもできます。

1 「チラシ」を
タップする

LINEでチラシを確認するには、「ウォレット」→「チラシ」の順でタップします。

2 「チラシ」が
表示される

画面が切り替わりチラシが表示されます。見たいチラシを選んでタップしましょう。

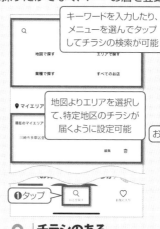

3 チラシのある
お店を探す

「お店を探す」をタップして、お目当てのお店を検索したり、マイエリアを設定することで毎日のチラシを探しやすくなります。

4 お気に入りに
登録する

よく行くお店などは「お気に入り」にしておけば、チラシを探すことなく「お気に入り」より情報を確認できます。

Q. LINEクーポンってお得? どうやって使えばいいの?

A. お店で使えるお得なクーポンです。ワンタップで簡単に使えます。

「LINEクーポン」は、その名通りお得なクーポン券をゲットできるサービスです。LINEに配信されているクーポンを提示するだけで実際のお店での買い物や食事をお得にすることができます。クーポンの利用は、表示されたクーポン番号を店員に伝える場合と、バーコードを提示する2パターンがあります。

1 クーポンを
探す

利用可能なクーポンを探すには、メインメニューの「ウォレット」→「クーポン」をタップしましょう。

2 使いたい
クーポンをタップ

クーポンが表示されます。利用したいクーポンをタップしましょう。

3 「クーポンを使う」
をタップ

クーポン詳細画面下部の「クーポンを使う」をタップします。

4 クーポンを
利用する

クーポンが表示されます。クーポンは番号とバーコードが表示される2パターン。店員に提示して利用しましょう。

Q. LINEの友だちにプレゼントを贈る方法は?

A. LINEギフトを利用してみましょう。

LINEギフトは、LINEで友だち登録した家族や親しい友人にプレゼントを贈るサービスです。LINEギフトには、実際の店舗で商品を交換する「eギフト」と現物を相手に発送する「配送ギフト」の2種類が存在しています。どちらが喜ばれるか考えて選びましょう。また支払いはLINE Payだけでなく、他のキャッシュレスサービスやクレジット支払いなども可能です。

1 「ギフト」をタップする
友だちにギフトを贈るには、まず「ウォレット」をタップして、「ギフト」をタップします。

2 贈るものを探して選ぶ
LINE GIFTのページが開きます。贈りたいものを探して、「友だちにギフト」をタップします。ギフトは自分に送ることも可能です。

3 贈る相手を選択する
ギフトを贈る相手を選びます。個人だけでなく、グループに贈ることもできます。この場合価格はグループの人数分です。選んだら「次へ」をタップ。

4 支払い方法を選んで購入
購入手続きの画面で支払い方法を選択して、「購入内容確定」をタップ。決済を済ませたら画面の指示に従い送付します。

Q. 支払いの際のアプリ起動の手間を減らしたいんだけど?

A. コード支払いのショートカットを作成しましょう。

LINEアプリのみで利用できるLINE Payですが、そのため実際に支払いをする画面を起動するのに時間がかかるのが弱点といえます。ただし、この弱点は、スマートフォン上にコード支払い専用のショートカットを作成することで解消できます。一度作成してしまえば、店舗で会計の際に起動に時間がかかり、気まずい思いをするといったこともなくなります。

1 LINE Payの「歯車」をタップ
「ウォレット」からLINE Payを開いて、右上の「歯車」をタップし設定画面を開きます。

2 「コードショートカットを作成」をタップ
設定画面が開いたら下にスクロールして、「コードショートカットを作成」をタップします。

3 ショートカットを作成
ブラウザーアプリが起動したら、共有ボタンを起動してホーム画面に追加します。iPhoneとAndroidでは画面が異なります。

4 ショートカットが完成
これでショートカットが完成です。決済時はLINEアプリでなく、作成したショートカットを利用しましょう。

困ったを解決する ウォレット のQ&A

Q. セキュリティが気になってパスワードを変更したいけど変えられるの?

A. いつでも変更可能です

実際にお金に関して取り扱うLINE Payなだけに、第三者の不正利用防止のセキュリティ対策としてパスワードは気に なるところです。定期的に変更することが望ましいので、パスワードの変更方法はぜひともマスターしておきましょう。ま た設定の際、パスワードは、同じ数字の羅列や誕生日、電話番号などの推測されやすいものは避けましょう。

1 LINE Payの「設定」をタップ

「ウォレット」からLINE Payを開いて、右上の「歯車」をタップし設定画面を開きます。

2 「パスワード変更」をタップ

「パスワード」→「パスワード変更」の順にタップしましょう。

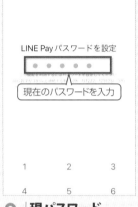

3 現パスワードを入力する

まずは現在利用中のパスワードを入力しましょう。

4 新パスワードを入力する

続けて新しく設定したいパスワードを2回入力します。これで変更完了です。

Q. LINE Payの解約方法がわからないんだけど?

A. LINE Payの設定画面より解約処理を行います

LINE Payの解約は、LINE Payの設定画面から行うことができます。LINE Payを起動したら「設定」→一番下の「解 約」の順にタップします。あとは画面の注意事項を読んで、「解約」をタップするだけです。残高がある場合は解約処理が行 えないため、あらかじめ使い切るか残高を破棄する必要があります。

1 「設定」をタップする

LINE Payを解約するには、まずLINE Payを起動して「設定」アイコンをタップし、設定画面を開きましょう。

2 「解約」をタップする

設定画面が開いたら一番下までスクロールし、「解約」をタップしましょう。

3 「解約」をタップする

画面の説明を読んで大丈夫なら一番下の「解約」をタップします。残高がある場合や連動サービスがある場合は処理できないので注意しましょう。

POINT

LINE Payを解約できない条件

前述した残高がある場合だけでなく、送金や決済処理が途中のとき、LINE Payが利用停止になっているとき、LINE保険など連動サービスに加入しているとき、パスワードが未設定のときなどは解約を行うことができません。

少し時間が空いたときは
「VOOM」や「ニュース」で暇つぶし

　機能やサービスが多いLINEなので、本書では詳しい解説は省きましたが、LINEの下部のメニューには「VOOM」と「ニュース」という項目があります。トークや通話、ウォレットとも独立したもので、特に利用しなくても問題のない機能ですが、空いた時間の暇つぶしには最適な機能でもあります。「VOOM」は、TikTokやFacebookといったSNSのように利用し、ショート動画などを楽しめる機能、「ニュース」はその名の通り最新のニュースを見られる機能となっています。慣れてくればどれも体感的に操作できるものですので、一度チェックしてみるのがよいでしょう。

LINE VOOMの使い方

「VOOM」は、LINEの下部メニューの「VOOM」をタップすることで画面が切り替わり、見ることができます。

おすすめのショート動画を見ることができます。下にスクロールすればほかの動画になります。

気に入った動画は、「フォロー」をタップしてフォローしておきましょう。LINEの友だち登録とは関係なく利用可能です。

ニュースの使い方

「ニュース」は、LINEの下部メニューの「ニュース」をタップすることで画面が切り替わり、見ることができます。

政治経済から芸能、スポーツまで最新のニュースをこちらのページでみることができます。

電車の運行情報や災害情報、天気や今日の運勢まで。設定を行えばトーク画面で受け取ることも可能です。

これならわかる！
超初心者の
LINE 入門

企画・制作
スタンダーズ株式会社

表紙&本文デザイン
高橋コウイチ（wf）

本文デザイン、DTP
松澤由佳

ライティング
渡健一

印刷所
株式会社シナノ

発行・発売所
スタンダーズ株式会社
〒160-0008
東京都新宿区四谷三栄町12-4
竹田ビル 3F
営業部__03-6380-6132

編集人
内山利栄

発行人
佐藤孔建

©standards 2024

Printed In Japan